Chanet, Pierre

De l'instinct et de la connaissance des animaux, avec l'examen de ce que M. de la Chambre a écrit sur cette matière

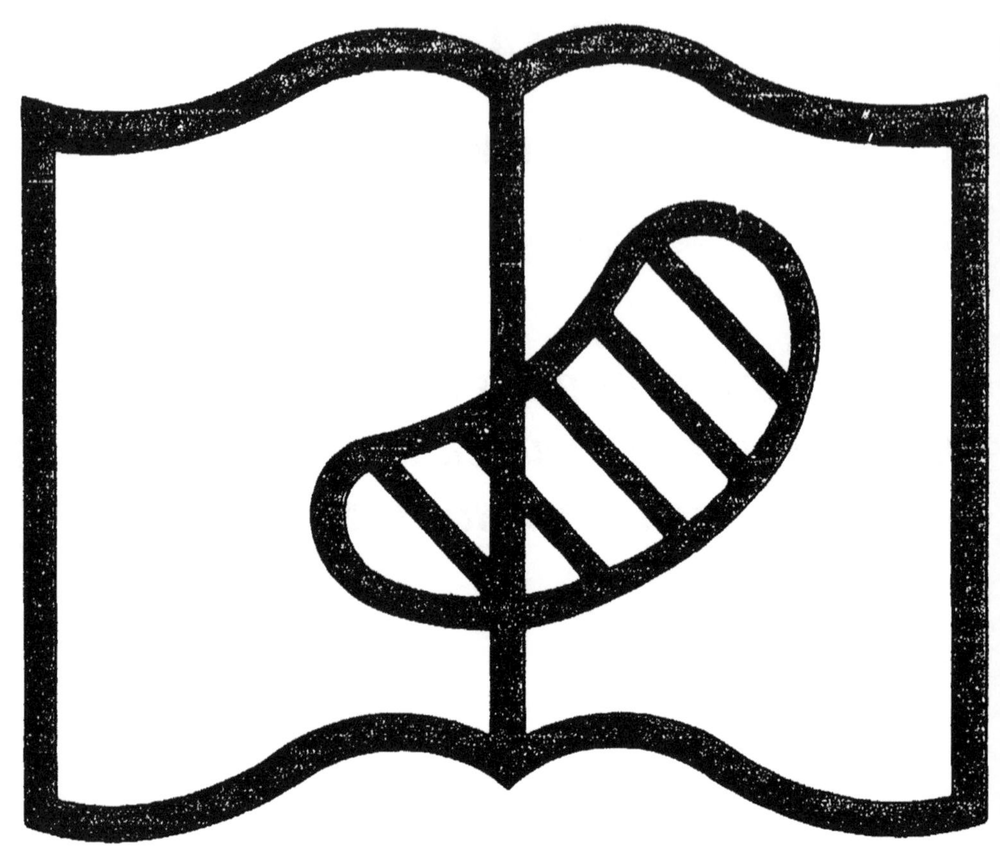

Symbole applicable
pour tout, ou partie
des documents microfilmés

Original illisible

NF Z 43-120-10

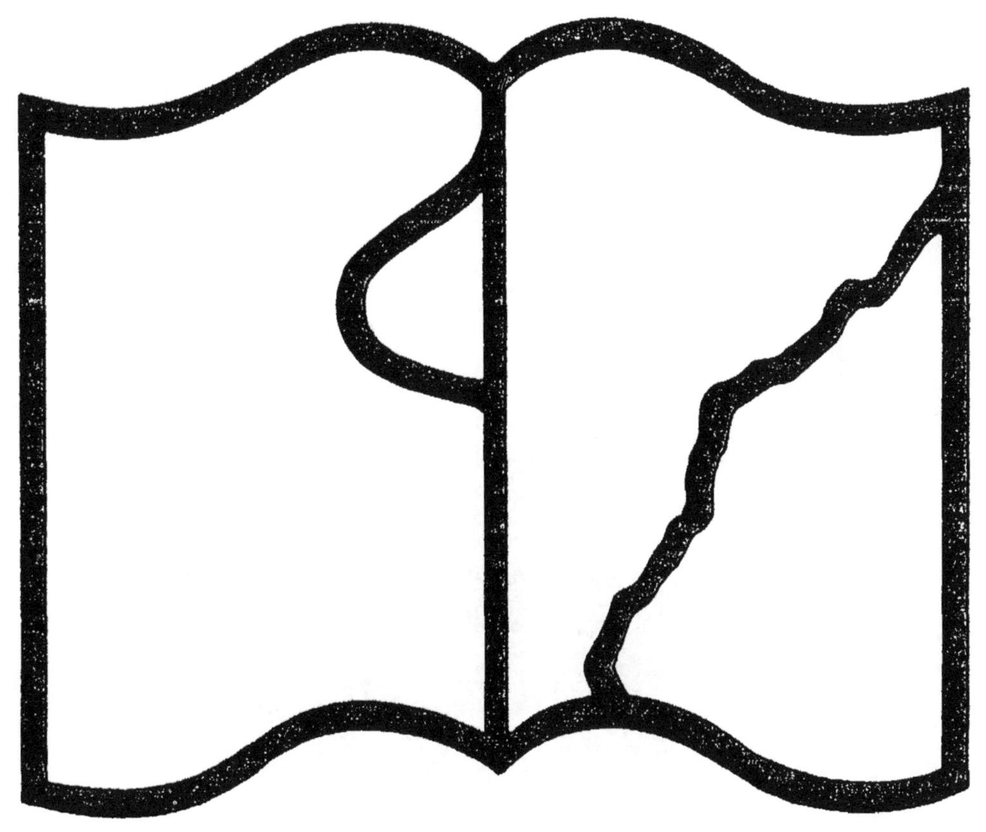

**Symbole applicable
pour tout, ou partie
des documents microfilmés**

Texte détérioré — reliure défectueuse

NF Z 43-120-11

L. E. Bigot

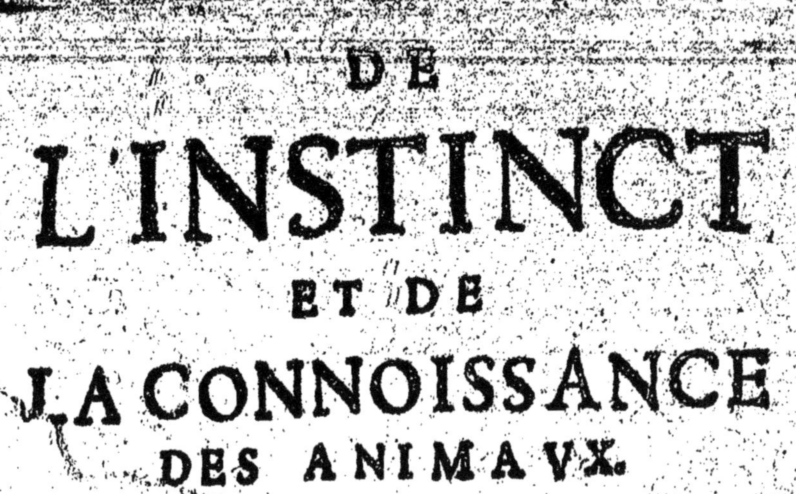

DE L'INSTINCT
ET DE
LA CONNOISSANCE
DES ANIMAVX.

DE L'INSTINCT
ET DE
LA CONNOISSANCE
DES ANIMAVX.

Auec L'EXAMEN *de ce que* MONSIEVR DE LA CHAMBRE *a escrit sur cette matiere.*

Par le Sr CHANET.

À LA ROCHELLE,
Par TOVSSAINCTS DE GOVY, Imprimeur
& Libraire, prés les Iesuistes.

M. DC. XLVI.

AVEC PERMISSION.

ADVERTISSEMENT.

IE receus, il y a quelques mois le dernier
Liure de Monsieur de la Chambre, que
ie leus auec la mesme satisfaction, que
m'auoient donné ses autres ouurages. Je fus
encore plus satisfait d'y rencontrer vn Traitté
de la connoissance des Bestes ; ou sans me nommer, il refute ce que i'en auois escrit en trois
ou quatre Chapitres de mes Considerations
sur ç barrö. C'est l'examen de ce Traitté particulier, que vous verrez en celuy-cy, ou i'examine iusques à la moindre de ses obiections. Ie me
sers d'ordinaire de ses propres termes pour les
exprimer. Neantmoins ie m'en suis quelquefois
dispensé, ne rapportant que par abregé, ce qu'il
auoit escrit auec beaucoup de belles paroles : Et
comme il n'a pas (suiuy) mon ordre, ie ne me
suis pas tousiours creu obligé de suiure le sien.
Il me semble qu'il falloit commencer par la
doctrine de l'Instinct ; & traitter de ce qu'il
appelle les connoissances naturelles , deuant

ã

que parler de celles qui sont acquises, & qui
sont des effects de l'instruction. Ainsi vous ne
pourrez iuger en lisant cet ouurage, que du
nombre & de la force des raisons qui sont dans
le sien; mais non pas de l'estenduë, ny des or-
nemens qu'il leur donne; non plus que de la
suitte, & de la distribution dë ses matieres.
De sorte que vous feriez bien d'employer quelques heures à la lecture de son Traitté. Je
suis asseuré qu'il vous diuertira fort agreable-
ment; & qu'il vous plaira, encore mesme qu'il
ne vous persuade pas. Au reste, ie n'ay peu
m'enpescher, de vous faire voir icy quelques re-
dites de ce que i'auois des-ja escrit contre
Charron: Il seroit peut estre besoin qu'il y
en eust d'auantage; & que le soin que i'ay eu de
les esuiter ne m'eust pas obligé de laisser de
l'obscurité en certains endroits; ou les personnes qui n'ont pas d'estude, & qui n'ont pas
leu mes Considerations, auront vn peu de
peine à m'entendre.

F I N.

TABLE DES CHAPITRES.

DE la nature de l'Instinct Chap. 1. page 1.
En quel sens l'Instinct est naturel aux choses qui en sont assistées Ch. 2. p. 8.
Premiere preuue de l'Instinct par le mouuement des corps simples Chap. 3. p. 16.
Que les corps pesants ne sont point attirez par la Faculté Aimantine de la terre Chap. 4 page 25.
De l'Instinct des Plantes & des Animaux Ch. 5 page 30.
Opinion de Monsieur de la Chambre touchant l'Instinct Chap 6. pag. 38.
Examen plus particulier de la doctrine du Chapitre precedent Chap. 7. p. 43
Que l'Instinct qui se remarque aux Hommes n'est ny vn effect de leur Raison ny de leurs Especes naturelles. Chap. 8. pag. 53.
De l'Instinct des Bestes, que ce n'est ny vn effect de leur Raison ny de leurs Especes connaturelles Cha. 9. page 63.
Examen des responses de Monsieur de la

Chambre a quelques vnes de nos Raisons Chap. 10. page 73.

Que les Oyseaux batissent leurs nids par Instinct, & sans auoir connoissance de ce qu'ils font Chap. 11. page 86.

Que nostre opinion de l'Instinct, ne releue point les Bestes au dessus de l'Homme Chap. 12. page 93.

Si l'Instinct est compatible auec la Raison Chap. 13. page 98.

De la nature du raisonnement, & que c'est que raisonner Chap. 14. page 110.

Que la Raison est la Faculté propre & specifique de l'Homme Chap. 15. page 119.

Examen des exemples qu'apporte Monsieur de la Chambre pour monstrer le raisonnement de l'Imagination Chap. 16 pag. 130.

De la coustume & de l'instruction des Bestes Chap. 17. page 144.

Que les Bestes ne parlent point Chapitre 18. page 160.

Quel a esté le sentiment des Anciens sur ce different Chap 19. pag. 175.

Addition au Chapitre seizieme page 180.

ADVIS DE L'IMPRIMEVR
AV LECTEVR.

POur satisfaire la curiosité de beaucoup de personnes, i'ay esté obligé de les aduertir que le Traitté de Monsieur de la Chambre Medecin de Monsei-
gneur le Chancelier se trouue à la fin de son second
volume des Characteres des passions; & qu'il se vend
à Paris chez le Sr Rocolet en la gallerie des prison-
niers. Les Considerations de Monsieur Chanet sur
la Sagesse de Charron, se trouuent aussi à Paris chez
les sieurs le Groult & le Mire en la ruë Sainct Iacques
au dessus de Sainct Benoist.

I'ay de mesme, voulu vous donner aduis que les
nombres que vous verrez en les marges de ce Liure,
marquent les pages du discours de Monsieur de la
Chambre : Et que quelques absences de Monsieur
Chanet & quelques autres diuertisscméts, l'ont empesché de vaquer exactement à la correction de nos es-
preuues. Ainsi il est suruenu des fautes en la ponctua-
tion, & encore quelques autres qui n'empescheront
pourtant pas que vous ne compreniez son intention.
Il vous sera aisé de iuger qu'il faut lire en la page 5.
ligne 12 l'auoit p.19.l.31. d'ou p.28. l. 4. au dessous
p.33.l.5.vegetatiues, p. 42. plus, p.46.l. 19. qu'ils
n'en peuuent, p.73.l.7. le plus sage habitant p.75 l.
23. notions, p.77.l. 27. expressiues. 79. Mathemati-
ques p.80.l. 29. puisie p.89.l.2. a obserué, p.105.
l. 7. en l'autre l. 14. semblent. p. 114.l.33.tiré, p.147.
l.31. choses presentes, p.45 l. 12. effacez si, p. 114,
l.7. effacez de

Acheué d'imprimer le 10 May 1646.

DE LA NATVRE

DE L'INSTINCT.

CHAPITRE I.

'Estime que l'Instinct est vne direction de la cause premiere qui porte, & conduit toutes les causes secondes vers leur fin, lors quelles n'ont pas les facultés naturelles pour y paruenir.

Pour bien faire comprendre cette description il en faut expliquer toutes les parties ; & remarquer que le mot d'Instinct est Latin d'origine, & qu'il vient d'vn autre qui signifie pousser inciter où exciter. Quelques vns traduisent l'Instinct vne impulsion, d'autres le voudroient traduire vn poussement. Cependant il faut remarquer que les Latins se seruoient rarement de ce mot d'Instinct, en autre sens que pour designer les mouuements qui viennent de Dieu, ses impressions, & ses inspirations.

I'ay dit que c'est vne direction, n'ayant point rencontré d'autre terme plus propre, pour exprimer le sentiment des Philosophes qui ont creu, qu'en certaines occasions Dieu excite, & conduit toutes les causes secondes vers leur but. Ie dis toutes les causes secondes, n'exceptant ny l'homme n'y les choses insensibles, afin que

l'on ne croie pas que la doctrine de l'Inftinct foit
inuentée exprés pour ofter la raifon aux beftes.
Son affiftance eft fi vniuerfelle que toutes les
creatures en ont befoin depuis l'homme iufques
à celles qui n'ont ny vie ny fentiment.

Ce n'eft que dans quelques actions feulement
que i'ay dit que toutes les creatures eftoient af-
fiftées de l'Inftinct, c'eft à dire, en les operations
pour l'accompliffement defquelles les creatures
n'ont aucune faculté naturelle capable de les
conduire vers leurs fins, & les faire reüffir. Pour
m'exprimer la deffus, & preuenir l'obiection de
ceux qui difent, que cette doctrine bleffe la fageffe de Dieu. Il faut que ie faffe fouuenir nos
Aduerfaires que Dieu ayant creé la matiere
commune dont tous les corps font compofés; la
diuerfifia en fuite par la diuerfité des formes qu'il
y adioufta. Ces formes furent douées deflors,
d'autant de facultez que Dieu voulut en employer
au bien de leur nature, & pour les faire paruenir
à la fin qu'il s'eftoit propofé en les creant. Mais
comme il eftoit impoffible qu'elles paruinffent
à cette fin fans la cognoiftre, il eftoit auffi impoffible qu'elles la cognuffent fans eftre raifonnables, & plus parfaitement intelligentes que ne
font les hommes. Mais fi Dieu euft donné à
toutes les creatures vne raifon & vne parfaite intelligence; cela euft preiudicié à fon deffein, &
euft contrarié a cette belle diuerfité dont il a
voulu embellir le monde. Cela euft renuerfé
cet ordre, & ruiné cette belle gradation que la
nature obferue deuant que faire vne creature
raifonnable. Il eftoit donc neceffaire qu'il y

euſt de creatures inſenſibles , & qu'il y en
euſt encore d'autres incapables de ce qu'il
faut de cognoiſſance pour paruenir à leur fin.
Il eſtoit neantmoins autant ou plus neceſſaire
que toutes ces choſes paruinſſent à la fin pour laquelle elles auoient eſté crées. Et comme elles ne
le pouuoient pas faire faute des facultez qui la
peuſſent cognoiſtre : Dieu qui ne leur auoit pas
voulu donner ces facultez, s'obligea deſlors par
ſa bonté & ſa ſageſſe infinie , de conduire les facultez qu'elles auoient , & de ſuppléer au defaut de celles qu'il ne leur auoit pas voulu dóner.

C'eſt cette conduitte & ce ſupplément que
nous appellons l'Inſtinct , auquel nous n'attribuons pas tous les effects des cauſes ſecondes:
Mais ſeulement ceux qui ſont au deſſus de leurs
facultez naturelles. Par exemple & pour commencer par l'homme : Nous y remarquons
trois genres d'operations. Les plus releuées procedent de ſes facultez libres qui ſe determinent
elles meſmes. Il fait d'autres actions qui deſpen-
dent de ſes facultez vegetatiues & ſenſitiues, leſquelles ne ſe determinent pas elles meſmes , parce qu'elles ſont ſans liberté , & qu'elles dépen-
dent ſeruilement de leurs obiets. Elles en ſont
tellement determinées qu'il leur eſt impoſſible de
ne pas agir toutes les fois que cét obiet eſt preſent, & qu'elles ne ſont pas empeſchées. En toutes ces actions , nos facultez ne reçoiuent autre
aſſiſtance de la cauſe premiere que le concours
ordinaire. Mais il y a vne troiſieſme ſorte d'a-
ctions qui ſe remarque plus particulierement
aux enfans deuant & immediatement apres leur

naiſſance. Nous ne laiſſons pas de les attribuer à nos facultez ; Seulement nous diſons qu'elles y ſont conduittes par l'Inſtinct qui les pouſſe , les conduit & les determine , parce qu'en cela elles ne ſont determinées ny par leur obiect , ny par elles meſmes.

Ainſi nous n'attribuons pas à l'Inſtinct toutes les actions des beſtes. Nous ſçauons qu'elles ont ce qui leur faut de facultez pour la pluſpart de leurs operations; qu'elles en ont de communes auec les plantes , qu'elles ont autant de ſens externes que nous; qu'elles ont auſſi vne imagination , vne memoire & vne faculté motiue; que ſans Inſtinct elles cognoiſſent , elles ſe ſouuiennent & ſont capables de diſcipline. De ſorte que quand vn chien cherche à manger ; qu'il recognoiſt ceux qui luy en donnent ; qu'il arreſte les perdrix ; où bien qu'il conduit des aueugles de porte en porte : nous ne diſons pas que ce ſoit vn Inſtinct, & ne nous ſeruons pas de ce terme, *comme d'vn mot conſacré ou d'vne parole Magique pour faſciner les Eſprits & areſter toutes les raiſons qu'on nous obiecte* : ainſi que Monſieur de la Chambre nous le reproche. Nous ne nous en ſeruons que pour expliquer certaines actions que les beſtes ne ſçauroient faire quand meſmes elles auroient de la raiſon.

Les Plantes & les autres choſes inſenſibles ſont nombre d'operations , ſans autre aide que de leurs facultés aſſiſtées du concours de la cauſe premiere. Elles en ſont auſſi d'autres où cela ne ſuffit pas ſans l'aſſiſtance de l'Inſtinct qui determine les cauſes ſecondes, au lieu que le concours

s'y laiſſe determiner. Ie ſçay bien que monſieur de
la Chäbre s'oppoſe à cette doctrine & dit, *qu'il faut* 36
mettre pour vn fondement aſſeuré que l'Inctinct ne ſe
dit que des animaux, que c'eſt aller contre le ſenti-
ment de touts les Philoſophes, & contre l'vſage de
toutes les langues, que de l'appliquer à d'autres cho-
ſes. Sa raiſon eſt, *que les pierres & les plantes n'öt*
pas beſoin de ce ſeçours, puis qu'elles ont les vertus
qui ſont neceſſaires pour faire toutes leurs fonctions.
Mais ce qu'il apporte pour preuue, eſt la meſme choſe que i'auois niée & qui eſt en queſtion.
Ariſtote l'auait niée auant moy, & l'auoit com-
batuë par des raiſons. I'en auois encor adiouſté
d'autres pour faire voir que les choſes inſenſibles auoient moins de facultez naturelles qu'il
n'en faloit pour faire reüſſir tous leurs ouurages
ſans l'Inſtinct qui ſupplée à leurs defauts. Monſieur de la Chambre ne ſe met pas en peine d'y
reſpondre. Il ſe contente d'aſſeurer le contraire,
& de nous dire que c'eſt vn fondement aſſeuré
& que ce ſeroit aller contre le ſentiment de tous
les Philoſophes que de dire que les corps qui
ſont priuez de ſentiment, ſont des choſes qui ſurpaſſent la force des puiſſances de leur nature.
Ainſi il faut oſter du nombre des Philoſophes
tous ceux qui ne croient pas que les Cieux ayent
la vertu de ſe tourner, & qui l'attribuent aux intelligences. Il faut encore oſter de ce nombre
ceux qui veulent que les corps peſants ſoient
pouſſez dans le centre par le mouuement du
Ciel ; & ceux qui diſent qu'ils y ſont attirez par
la force du centre, ou par la vertu magnetique
des corps qui leurs ſont ſemblables. Il faudra

A iij

qu'Ariſtote perde le nom que toutes les Eſcho-
les luy donnent , pource qu'il a eſcrit que les
choſes peſantes n'auoient pas la faculté de deſcendre , & qu'elles la deuoient à vne cauſe externe. Ailleurs traittant de l'Inſtinct il ne ſe con-
tête pas d'apporter l'exemple des Fourmis & des
Araignes : il y adiouſte celuy des Plantes qui
produiſent des feüilles afin d'en couurir leurs
fruicts. Ie ne veux pas parler de tous les Philoſophes , ny faire des aſſertions ſi generales & ſi
dangereuſes : Ie veux ſeulement dire que tous
ceux dont il me ſouuient d'auoir leu les Cômen-
taires ſur le ſecond liure de la Phyſique , diſent
que toutes les choſes du monde agiſſent pour
quelque fin , & que comme la pluſpart ne la cognoiſſent point , cette cognoiſſance eſt ſupplée
par la cauſe premiere qui les poûſſe, & qui les
dirige. Monſieur de la Chambre a autre fois
eſté dans le meſme ſentiment, & a eſcrit que
l'Eſprit de Dieu pouſſe toutes les choſes à la fin
qui leur eſt neceſſaire : Que comme l'artiſan con-
duit l'action des choſes naturelles à la fin qu'il
pretend , & qu'il faut rapporter tout l'ordre qui pa-
roiſt dans l'artifice à ſa cognoiſſance, & non pas
aux choſes dont il ſe ſert, qui ne le ſçauroient cog-
noiſtre : Qu'auſſi dans toutes les choſes de la na-
ture où l'on voit tant de marques d'vne ſageſſe
admirable : il ne faut pas croire que ce ſoit d'elles
qu'elle procede , mais que c'eſt l'Eſprit de Dieu qui
leur donne l'ordre & le mouuement , qui ſe coule dans
leurs effets , & qui les guide à la fin qu'il leur a
preſcripte. Voila quelle eſt l'opinion commune,
que Monſieur de la Chambre a ſuiuie autre-fois

& qu'il a voulu refuter depuis. Il ne reste donc
de difficulté que pour le mot, dont il croit que
ie me suis seruy contre l'vsage de toutes les langues Cependant il sçait bien, que le terme duquel les Grecs se sont seruis pour exprimer ce
que nous appellons Instinct, est si general, qu'il
conuient à toutes les choses du monde. Les
Philosophes Latins l'ont appliqué aux pierres &
aux Plantes & à tous les Estres de la Nature.
Et ie seray voir à qui le souhaitera vne longue
liste de Scholastiques qui croient parler proprement, & qui en ont ainsi vsé. Tout ce qu'on leur
peut objecter est le peu de soin qu'ils ont eu de
s'attacher à la pureté de la langue Latine, ce qui
pourroit rendre icy leur authorité si specte.
Mais celle de Iules Scaliger ne peut pas l'estre,
puis qu'il entendoit esgalement le Latin & la
Philosophie, & qu'il a laissé à disputer s'il estoit
meilleur Philosophe ou Grammairien. Ce grand
homme disputant tout de bon contre Cardan,
qui attribuoit du sentiment aux Plantes, dit que
les actions merueilleuses qu'elles font, sont des
effets de l'Instinct aussi bien que celles des A ni-
maux, & que le mouuement des Elements. Pi-
colomini qui a fort exactement traitté de l'Instinct, dit que lors que l'Instinct est pris suiuant toute l'estenduë de sa signification, il se remarque premierement, en l'inclination que la
matiere a pour la forme, que c'est aussi par Instinct que les corps simples cherchent leur lieu
naturel, qu'il reluist encore plus manifestement
en les Plantes, & plus encore en les Animaux.
Ceux qui ont escrit de Philosophie en nostre

langue n'ont pas eſté plus ſcrupuleux que moy;
Et parmy les plumes eloquentes du Siecle, il y
en a vne qui a entrepris de môſtrer en termes expres que les Plantes eſtoient conduites en leur
Inſtinct par vne ſouueraine raiſon. Apres ces
authorités, & vn grand nombre d'autres que ie
m'offre de produire, ſi celles cy ne ſuffiſent pas,
ie ne dois pas faire ſcrupule d'eſtendre la ſig-
nification de l'Inſtinct iuſques aux Pierres & aux
autres choſes inſenſibles.

En quel ſens l Inſtinct eſt naturel aux
choſes qui en ſont aſſiſtées.

CHAPITRE II.

LES termes de Nature & de naturel ont tant de ſignifications & de
ſi differentes qu'il eſt difficile de
s'en ſeruir, ſans courir danger
d'vne extreme confuſion. A par-
ler proprement il n'y a que deux ſortes de choſes qui deuſſent eſtre appellées naturelles: les vnés
ſont les principes eſſentiels qui compoſent &
conſtituent la nature de chaque choſe. Les
autres ſont les facultez & proprietez qui ema-
nent immediatement de ces principes. Ainſi
l'Inſtinct ne pourra pas eſtre vne choſe naturelle, parce qu'il n'eſt n'y l'ame d'vn animal ny

aucune de ses facultez; ce qui sera cause qu'en la suitte de ce discours i'opposeray souuent les mouuements qui viennent de l'Instinct à ceux qui procedent de la nature & des facultez naturelles.

Cependant si ie voulois estendre ce terme de naturel autant qu'il est estendu par beaucoup d'autres, il seroit impossible de nier que l'Instinct ne fust naturel aux choses qui en sont aydées. Premierement les actions de l'Instinct ne sont pas des miracles & ne participent rien de leur definition: ce sont des effects aussi peu miraculeux que la creation de nostre ame, & la determination indiuiduelle de chaque production, parce que toutes ces choses sont dans l'ordre que Dieu establit au commancement du monde, & ne releuent que de sa puissance ordinaire, par ou les sages d'entre les Philosophes ont communément defini la nature. Secondement l'Instinct est vn secours fort general, que Dieu confere à toutes les especes qui sont au monde, & qu'il annexe inséparablement à leur nature. En troisiesme lieu l'Instinct est naturel au sens que toutes choses sont dittes estre naturelles, lors qu'elles perfectionnent la nature de quelque agent, qu'elles suppléent à ses defauts, qu'elles seruent à l'accomplissement de ses actions, & qu'elles le portent vers sa fin naturelle. Enfin l'Instinct ne peut qu'il ne soit naturel aux Animaux, puis qu'ils s'y remarque dés leur naissance, qu'il est hereditaire en tous les indiuidus, & qu'il se perpetuë auec leur nature & leur espece.

Par là il eſt facile de comprendre que ceux là ont grand tort, qui diſent que noſtre opinion reduit toutes les parties du monde dans vn eſtat contre nature, & que l'Inſtinct leur fait violence, les pouſſant à faire des choſes auſquelles elles ne contribuent preſque rien. On peut encore leur reſpondre d'ailleurs que cette ſorte de mouuements ne receuant d'ordinaire rien de l'Inſtinct que la conduite, ; tout le reſte eſtant vn effect des facultez naturelles : c'eſt mal à propos que l'on nous accuſe de dire qu'elles n'y contribuent rien. Apres ie ne ſçay ſi ceux qui veulent faire valoir contre nous la definition de la violence, ſont bien fondez de dire que la cauſe premiere eſt vn agent exterieur. Mais ie ſçay bien que quand cela ſeroit veritable, il manque à cette definition diuerſes conditions qui ſont neantmoins requiſes pour faire violence, & qui ne ſe rencontrent pas aux actions de la cauſe premiere. Pource, premierement que toutes les cauſes ſecondes luy ſont ſubordinées, & qu'elle ne leur contrarie point ; & que d'ailleurs elles ne luy font point de reſiſtance, & partant il faut dire qu'il n'y a point de violence. Ce qui eſt plus conſiderable, c'eſt que l'Inſtinct ne peut pas mettre les cauſes ſecondes hors de leur eſtat naturel, puis qu'illes y porte & les y conſerue. Et nos Aduerſaires ſont en cela auſſi peu raiſonnables, que celuy qui diroit que ceux qui conduiſent les aueugles & les meinent où ils veulent aller, leur font violence & forcét leur inclination. Il y a long temps que l'Eſchole d'Ariſtote a enſeigné que le mouuement que les

Cieux reçoiuent dés intelligences ne peut pas
leur faire violence , parce qu'ils n'y reſiſtent
point, qu'ils n'en ſont point contrariés ny tra-
uerſez en leurs inclinations , & qu'il ne changent point pour cela le centre ny le lieu qui leur
eſt naturel. Nous ſommes bien en plus forts
termes pour ce qui concerne les Animaux , puis
que non ſeulement l'Inſtinct les laiſſe en leur
eſtat naturel; Il les y porte, & le perfectionne les
faiſant paruenir à leur fin. Il eſt en cela des Animaux comme d'vne eau eſchaufée qui eſt en
ſuitte refroidie par le moien de l air qui l'enui-
ronne. Ce que fait l'air en cette occaſion ne fait
point de violence à l'eau , encore que la forme
de l'eau ny contribuë rien. Ou bien il en eſt
comme d'vne pierre que ie ietterois de haut en
bas contre terre : car tant s'en faut que mon
action fiſt violence à la pierre ou contrariaſt à ſa
nature, qu'elle luy ſeroit pluſtoſt naturelle , encore que ſa forme n'euſt rien contribué à ce que
i'aurois adiouſté de mouuement. Ma raiſon eſt,
que cette action met la pierre dans ſon eſtat naturel & dans le lieu ou il faut qu'elle repoſe.
Cette action ſupplée encore à ſon defaut & la
porte vers vne fin qu elle n'euſt peu acquerir ſi
toſt toute ſeule. Voila qu'elle eſt la nature de l'Inſtinct , nous verrons cy apres qu'elles en ſont
les preuues.

Mais deuant que d'en venir là il faut ſatisfaire ceux à qui cette doctrine eſt inſupporta-
ble, parce diſent ils qu'elle eſt ſuperſtiſieuſe , &
qu'elle oſte à toutes les cauſes ſecondes l'actiuité
que Dieu leur a donnée, rapportant à luy ſeul

ce qui doit estre plus immediatement rapporté
à leurs facultez naturelles. Ie respons que ie
suis fort eslogné de cette superstition laquelle est
condamnée en l'Escriture, lors qu'elle nous ad-
uertist qu'il ne faut point mentir pour Dieu,
qu'il n'en a que faire, que sa cause est trop bonne
pour employer le mensonge à sa deffence; & que
c'est vne iniquité dont il punira vn iour ceux qui
en vsent. D'ailleurs ie sçay bien qu'il ne sera pas
moins glorieux à Dieu d'auoir donné d'excellentes facultez à des choses si basses & si brutes que
le sont la plus part des creatures, que s'il en faisoit luy mesme toutes les actions. Mesmes il
semble que nous deuons d'auantage admirer la
puissance de l'autheur de ces facultez, & que
nous deuons estre plus estonnez des effets qui en
resultent, que si tous ces effects estoient immediatement de Dieu. Il en est comme des mouuements
qui se font par resorts en les machines. Nous les
admirons bien d'auantage en ces machines, que
si l'ouurier les faisoit luy mesme auec la main.
Neantmoins il ne faut pas dire pour cela qu'il ne
se void iamais d'effects en la nature qui soyent
immediatement de Dieu : pource que de vray
nous en voyons à toute heure en la consideration desquels, si nous admirons moins la puissance de Dieu, nous admirons d'auantage sa bonté,
sa prouidence, & le soin qu'il à de toutes ses creatures. Et comme dans quelques-vns de ses ouurages il donne des preuues plus expresses de sa
puissance, il ne faut pas croire que dans quelques autres effects il ne rende des tesmoignages
aussi illustres de sa bonté & de sa prouidence.

Ainſi nos Aduerſaires auroient quelque raiſon
de ſe plaindre de noſtre foibleſſe, ſi nous rapportions tous les effects de la nature à l'Inſtinct.
Nous n'y en rapportons que quelques-vns dont
nous ne pouuons trouuer d'autres cauſes. Mais
nous diſent-ils, voulez vous que l'Iinſtinct ſoit le
refuge de l'ignorance, & qu'auſſi ſouuét que vous
ignorerez la cauſe de quelques effects, il vous
ſoit permis de les rapporter à la cauſe premiere
& d'imiter les Poetes tragiques qui faiſoient touſ-
jours deſcendre Iupiter par vne machine, pour
desbroüiller les pieces de theatre dont ils ne
pouuoient venir à bout autrement? Iay reſpon-
du ailleurs que de vray il ne ſuffit pas d'ignorer
la cauſe naturelle d'vn effet pour le rapporter à
Dieu. Deuant que d'en venir là il faut auoir des
raiſons fortes & inuincibles pour fortifier noſtre
ſentiment. Il ne ſuffit pas di-ie d'aſſeurer qu'vne
choſe vient immediatement de Dieu : il le faut
prouuer, & fermer la bouche à ceux qui ſeroyent
d'humeur à nous contredire. Il y a diuers moyens
tres-aſſeurez pour cela. Le premier eſt de móſtrer
qu'vn effect repugne aux inclinations de la nature, dont ie donneray cy apres pluſieurs exemples. Le ſecond eſt de faire voir vne action qui
ſurpaſſe toute la puiſſance de la nature, & toute
l'eſtenduë de ſon actiuité comme vne preſcience
certaine en certains Animaux, & en quelques autres choſes. Le troiſieſme moyen eſt de monſtrer
qu'encore qu'vn effect ne ſoit pas au deſſus de
toute la nature, il eſt pourtant plus excellent que
le ſujet où il ſe rencontre, & qu'il eſt au deſſus de
ſa forme & de toutes ſes facultez, comme lors

que nous ferōs voir des effects raisonnables en les
Plantes, ou nous sçauons bien qu'il n'y a point de
raison. Il y a encore beaucoup d'autres moyens
pour paruenir au mesme but & prouuer la mesme chose, & alors que nous l'aurons prouuée
il nous sera bien permis de le dire, & de nous
mocquer de la foiblesse de ceux qui aiment
mieux ne sçauoir point la cause d'vn effet, que
d'en sçauoir vne qui ne soit pas du rang des choses naturelles : & qui appellent ignorance la conclusion des plus fortes demonstrations dont la
Physique soit capable. Tout le but que se pro-
pose vn Naturaliste est de trouuer la cause immediate d'vne effet: & lors qu'il croit l'auoir trou-
uée, & qu'il s'est affermy dans cette creance par
vne demonstration, il ne la doit pas abandonner
sous pretexte qu'elle ne s'accorde pas auec le ca-
price de quelques Philosophes, ny auec l'ignorance affectée de quelques autres. Quel interest
raisonnable ont-ils de nous contredire, & qu'elle raison peuuent-ils auoir de restraindre nos
cognoissances à vn certain genre de causes, & à
en exclure la premiere? Il faut bien que leur esprit tienne de la nature des Monstres & soit autrement fait que celuy de tous les autres hommes qui ne se trouue iamais dans vn parfaict ac-
quiescement, iusques à ce que par ses raisonnements il se soit esleué iusques au principe de toutes les causes. En effet, comme il n'y a point de
bien que l'Infiny qui puisse remplir nostre volonté, laquelle se degouste de tous les autres : aussi
n'y a-il point d'autre cause que l'infinie qui puisse satisfaire nostre entendement. Toutes nos au-

tres speculations sont si mal'heureuses quelles ne
sont que multiplier le nombre des doutes & des
questions & accroistre nos admirations au lieu
de les faire cesser. N'est il pas vray que le peuple qui ne croit point sçauoir les causes de la diuersité qui paroist aux Plantes, & de la naissance d'vn rat en vn fumier; admire moins toutes ces
choses, que les Philosophes qui nous contra-
rient;& que leur science accroist leur trauail, &
les angoisses de leur esprit? Toute la force qu'ils y
croyent auoir leur est bié plus preiudiciable que
ne seroit pas la foiblesse qu'ils nous reprochent?
Qu'ils passent tant qu'il leur plaira pour Esprits
forts , & qu'ils nous fassent passer s'il leur plaist
pour des infirmes : Nous aurons cet aduantage
de voir que nostre foiblesse triomphera de leur
force. Nous aurons encore l'aduantage de nous
satisfaire en nos raisonnements, & de voir nos
Aduersaires dans l'impuissance d'y respondre
& de rien produire contre nous qui merite que
nous nous y arrestions. Nous aurons aussi cette
consolation d'auoir pour compagnons de nostre
foiblesse les plus grands hommes qui ayent esté
parmy les Sçauants, comme i'ay escrit plus au
long en mon liure contre Charron, où i'ay affoibly cette mesme objection par beaucoup d'autres
considerations que vous y pourrez lire.

Premiere preuue de l'Instinct par l'ordre du monde, & le mouuement des corps simples.

CHAPITRE III.

LE monde est composé de tant de pieces differentes & de tant de parties contrai-res, que sans la prouidence de Dieu il ne pourroit pas subsister. Les parties les plus agissantes auroient depuis long temps destruit les plus foibles. Il est du moins impossible que tout s'y soit conserué dans vn ordre si reglé, si ce n'est que quelque raison en ait pris le soin & la conduite. Car l'ordre est vn effect de la raison comme les Philosophes Payens ont esté con-traints de le recognoistr. En effect toutes les causes qui agissent sans liberté & sans raison poussent tousiours leur actiuité iusques au bout. Elles suiuent tellement la necessité de leur incli-nation; qu'elles ne peuuent estre retenuës que par vne force estrãge, ny rãgees en ordre que par vne raison qui n'est pas en elles. Il faut donc que cette raison leur soit fournie d'ailleurs, & par quelque principe plus noble, qui les ayant créés dans cét ordre, les y conserue maintenant mal-gré tout ce qu'elles peuuent auoir de violences.

Ie presuppose que les Cieux & les Elements n'ont

n'ont deux mefmes aucune cognoiffance. Quand
nous leur en attribuërions vne : elle feroit fort
grofficre & fort defectueufe ; & ne feroit pas capable d'vn ordre fi parfait. Si elles cognoiffoient
leur fin, elles ne la cognoiftroient qu'a demi. Elles s'efgareroient bien fouuent au difcernement
qu'il en faudroit faire, & au choix des moyens
qu'il faudroit tenir pour y paruenir. Les fens,
& la raifon de l'homme s'y trompent bien fouuent: & hors certaines conditions qui ne fe rencontrent pas toufiours, il n'y a point de certitude en leurs iugements. Mais les chofes dont
nous parlons ne manquent iamais de paruenir à
leur fin, & y paruiennent plus feurement que les
creatures qui la cognoiffent. On explique communément cette certitude, par l'exemple d'vne
fleche qui trouue le but encore qu'elle ne le void
pas: d'ou nous inferons qu'elle y eft pouffée par
quelque autre caufe qui void ce but. Quand
nous voyons qu'vn Nauire louoye pour efuiter
les efceuils malgré la violence du vent qui l'y
pouffe, & qu'il rencontre l'entrée d'vn port fans
fçauoir où elle eft : Nous concluons que cette
maffe eft gouuernée par quelqu'vn qui a cognoiffance des roches & du haure où il faut aller. Il faut qu'il en foit tout de mefme de toutes
les parties du monde, qui ne cognoiffants point
leur but ne laiffent pas de s'y porter & d'y paruenir.

Cette doctrine fera plus euidente apres le dé-
tail particulier que i'en veux faire. Ie deurois
commencer par le Ciel & monftrer que fon mouuement eft vn effect de l'Inftinct. Mais puis que

la pluſ-part des Philoſophes s'en accordent, &
que quelques vns d'entreux l'ont fort bien prouué, ie ne dois pas m'y arreſter. Ils attribuent bien
la lumiere à la forme du Ciel, & luy attribuent
encores quelques vertus plus cachées qu'ils appellent les influences. Il n'y a que ce mouuement
reglé dont ils diſent que leur forme n'eſt point
capable. Ils le prouuent par la maxime generale
qui enſeigne, que les formes n'agiſſent que pour
le bien & l'vtilité des corps ou elles ſont. Or
eſt-il que le mouuement des Cieux leur eſt inutile, & que la ſituation qu'ils acquierent par la, leur
eſt indifferente. Nous le recognoiſſons par ce
que nous voyons qu'vne Planette qui court vers
vn certain endroit du Ciel, ne s'y arreſte point
y eſtant arriuée. Elle s'en eſloigne auec autant
de viteſſe qu'elle en auoit employée pour s'en
approcher. De la, les Philoſophes concluent fort
bien, que puis que le Ciel ne ſe propoſe aucune
fin deſon mouuement, & qu'il n'en acquiert aucun bien, ce n'eſt point vn effect de ſa forme ny
de ſes facultez naturelles. Ils prouuent encore la
meſme choſe par beaucoup d'autres raiſons que
ie laiſſe, pour conſiderer auec plus de ſoin les
mouuemens des Elements, auſquels on en attribue de deux ſortes. L'vn ſe fait contre l'inclination particuliere de chaque Element, lors qu'il
faut empeſcher le vuide. Chacun en raiſonne ſelon ſon ſens. Mais pour moy i'eſtime que le
ſeul moyen d'en parler raiſonnablement eſt de
l'attribuer à l'Inſtinct, car ceux qui diſent que
la terre eſt enleuée en haut par l'intention qu'elle
a d'empeſcher le vuide parlent tres-impropre-

ment, attribuants du deſſein & de l'intention à
des choſes inſenſibles. D'ailleurs nous ne demandons pas qu'elle eſt la fin de ce mouuement.
Nous en demandons la cauſe efficiente, & ſoute-
nons qu'il n'y en a point d'autre que l'Inſtinct.
Premierement toutes les autres cauſes que vous
pourriez alleguer ne cognoiſſent point la fin
pour laquelle ce mouuement ſe doit faire : Et
quand elles la cognoiſtroient, elles ne change-
roient pas leur lieu naturel pour vn autre qui ne
l'eſt pas. Et cette inclination ne peut pas leur
eſtre donnée par aucun des principes de leur nature. Des-ja la matiere n'agiſt point & n'eſt capable d'aucun mouuement, ſi elle ne le reçoit
d'ailleurs. Ce n'eſt pas auſſi la forme de la terre
qui l'eſleue en haut : Car il arriuera bien ſouuent
que dans le lieu ou elle eſt eſleuée, elle rencontrera du feu, ou quelque autre agent qui deſtruira
cette forme. Or eſt-il que la conſeruation de
chaque choſe en particulier, eſt la fin la plus naturelle de toutes : & qu'en comparaiſon de cela
il eſt fort indiferent à la terre d'entretenir l'vnion
qui eſt entre les parties du monde. La forme
de la terre ne luy procure donc point ce mouuement, & ne court point d'elle meſme à ſa ruine
& à ſa deſtruction. Il n'eſt pas meſme imagina-
ble qu'vne pierre puiſſe tant s'intereſſer à preuenir le vuide, que cela luy faſſe abandonner la
ſocieté des autres corps peſants pour ſe ſoulle-
uer en l'air où elle ne peut eſtre ſouſtenuë que par
force, & d'oùy elle deſcend auſſi toſt que ſa place peut eſtre remplie par quelque autre corps
plus leger, ce qui ne ſe peut faire ſans vne co-

gnoiſſance, qui n'eſtant pas en elle doit eſtre ſupplée par l'inſtinct. Apres cela tous les agents
purement naturels, ſont tellement reſtraints &
determinez à vne ſeule fin : qu'il eſt impoſſible
qu'ils ayent d'eux meſmes, plus d'vne ſorte
de mouuement. Ils peuuent encores moins auoir
de leur nature deux inclinations contraires,
comme ſont celles de monter & de deſcendre.
Ainſi il faut que nos Aduerſaires confeſſent
que la deſcente des corps peſants n'eſt pas naturelle, s'ils veulent que leur eleuation le ſoit.

Puis donc que la terre ne ſe peut pas porter
en haut d'elle meſme, il faut qu'elle y ſoit attirée. Quelqu'vns diſent à cela qu'y ayant vn
enchaiſnement entre tous les corps, l'air ne peut
s'eſleuer qu'il n'entraine auec ſoy vne partie de
la terre. Mais ie demande à ces gens là ſi les
parties de la terre ne ſont pas auſſi fortement
liées entrelles, & auſſi enchainées que le ſont
des corps ſi differents que la terre & l'air ? Ie demande encor ſi la maſſe de la terre n'a pas plus
de force & de facilité à retenir vne de ſes parties;
qu'vne petite partie d'air qui ſe meut, n'en peut
auoir a eſleuer ce morceau de terre malgré ſa peſanteur ? D'autres diſent que ce ſont les influences qui attirent les corps peſants, & comme ils
ne s'en peuuent paſſer, & qu'ils ſçauent que la
communication ne s'en pourroit faire au trauers
le vuide, ils vont au deuant & le preuiennent.
Cela ne nous ſatisfait pas encor, puis qu'outre la
cognoiſſance que ces Meſſieurs attribuent aux
corps peſants : ils ne ſçauroient expliquer par
là pourquoy les corps legers deſcendent en bas

& abandonnent leur lieu naturel, & le commerce des influences, pour descendre en bas ou rien
ne les peut attirer. La commune responce est que
le vuide fait toute cette attraction : A quoy ie
replique que le vuide n'estant rien il ne peut pas
agir. Il peut bien moins attirer des corps si pesants auec tant d'impetuosité. Considerez en
suite qu'il n'y a iamais de vuide en la Nature : &
que ce n'est que pour le preuenir que les Element changent leur situation naturelle. De la ie
tire deux consequences ; La premiere est , que
quand le vuide seroit capable de quelque action;
Il n'en seroit capable que lors qu'il seroit effe-
ctiuement en la Nature : Et que puis qu'il n'y
en a iamais , on ne doit rien luy attribuer, ny
croire qu'il ait cet auantage sur les choses réelles
que d'agir auant que d'estre, & de produire des
effects qui preuiennent l'existence de leur cause.
Ma seconde consequence est plus importante:
Car si les corps pesants montent d'eux mesmes
en haut pour preuenir le vuide ; ils faut qu'ils le
deuinent, & qu'ils en ayent vne prescience tres-
certaine, & vn presentiment tres-asseuré. Mais
cette sorte de cognoissance est si fort au dessus
des Elements & de toutes les causes naturelles,
que ie conclus par la , que cela procede d'vn
Instinct , & d'vne cause intelligente qui pousse
tous les corps vers le lieu ou elle sçait que sans
ce mouuement il se pourroit faire du vuide.

Il y a d auantage de difficulté touchant le
mouuement que chaque corps fait vers son lieu
naturel. Et il y a grande diuersité d'opinions.
Ie l'ay autrefois attribué à l'Instinct, & n'ay rien

veu depuis, ny dans le traicté de Monſieur de la Chambre, ny ailleurs, qui me puiſſe faire changer de ſentiment. Ie n'ay iamais peu apprendre la cauſe pourquoy les pierres deſcendent touſiours par la ligne la plus droite, ſans cognoitre qu'elle eſt la plus courte : où ſans auoir vn Inſtinct qui ſupplée cette cognoiſſance. Vn fort ſçauant homme m'a fait l'honneur de m'eſcrire qu'il ne gouſtoit pas cette raiſon : que les pierres n'auoient point beſoin d'autre Inſtinct, que de leur peſanteur, & de la diſpoſition de l'air, qui eſtant vn corps fluide s'eſcoule ſous les corps peſants : qu'il faudroit s'eſtonner ſi elles tomboient à coſté, puis qu'elles peſent ce qui eſt deſſous & non pas ſur ce qui eſt à coſté. Cependant cecy ne vuide point la difficulté : car vne pierre ne deſcend pas à cauſe que l'air qui eſt au deſſous luy cede. Mais l'air cede à cauſe qu'il eſt preſſé par la pierre qui deſcend en bas. Si elle preſſoit l'air qui eſt à coſté, il feroit place, tout ainſi que fait celuy qui ſe rencontre deſſous. Ainſi ma queſtion demeure la meſme, pourquoy les corps peſants qui ſont eſleuez en l'air, compriment ce qui eſt au deſſous en ligne droite, & ne peſent point ſur ce qui eſt à coſté. De dire à cela qu'il ne faut point d'autre Inſtinct que la peſanteur, c'eſt reſpondre ce qui eſt en differend, & dire que les corps peſants deſcendent à cauſe qu'ils ſont peſants, ce qui eſt nié par beaucoup de diuerſes opinions qui en recherchent bien d'autres cauſes, & refutent ſolidement celle là. Quelques vns y oppoſent vne experience tres-certaine, & diſent ce que i'ay ſouuent obſerué, que deux pierres, ou deux maſſes de plomb de differente groſſeur, & de differente peſanteur deſcendent en bas auſſi toſt l'vne que l'autre. Ce n'eſt donc pas la peſanteur qui les fait deſcendre: autremét celle là deuroit arriuer en bas la premiere qui auroit d'auantage de peſanteur. L'experience eſt facile & tres certaine, la côſequence ne l'eſt pas moins, encore qu'elle m'ait eſté contredite par quelques vns, qui diſoient qu'vne petite pierre rencontre moins de reſiſtence en l'air, d'ou vient qu'elle le fend plus aiſément : au lieu qu'vne groſſe maſſe eſt retenuë par vne plus grande reſiſtance, qu'ainſi l'vne de ces cauſes equipole l'autre. Cette reſponſe peut eſtré facilement conuaincuë. Et ie pourrois dire à l'encontre, que la reſiſtance de l'air conſiderée abſolument n'équipollant point l'effect qu'ils attribuent à la peſanteur conſiderée auſſi en elle meſme, teſmoin la viteſſe de cet effect ſi ſubit : il s'enſuit qu'encore que la reſiſtance de l'air ſoit redoublée elle ne peut équipoller l'effet du redoublement de la peſanteur. Mais que diroient-ils s'ils auoient veu qu'vn boulet peſant douze liures ne deſcéd pas pluſtoſt qu'vne pierre beaucoup plus groſſe, & qui neantmoins eſt beaucoup plus legere? Ils ne diroyent pas que le boulet eſt retenu par vne plus grande reſiſtance de l'air, puis qu'eſtant moins eſtendu, il rencontre auſſi moins d'air au deſſous.

D'autres attribuent cela à vne vertu attractiue qui eſt dans la terre, & diſent que dans vne groſſe maſſe il y a plus de parties à attirer & qu'ainſi cette maſſe deuroit deſcendre plus lentement,

n'eftoit qu'eftant plus eftenduë , elle eft rehcon-
trée & faifie par plus grand nombre de chorde
attractiues, qu'ainfi l'vn recompenfe l'autre. Ie
refuteray cette raifon au Chapitre fuiuant. Il me
fuffit de dire en celuy-cy , que fi elle eftoit bonne ; vn quintal de plomb defcendroit plus ou
moins vifte , felon la diuerfe figure, & la diuerfe
extenfion que vous luy donneriez. S'il eftoit
plus eftendu & reduit en vne groffe boule creufe
il deuroit defcendre plus vifte , par ce qu'il feroit
plus fortement attiré ; ce qui n'eft pourtant pas
veritable.

Ie me fuis ferui ailleurs de diuerfes raifons
pour monftrer que la defcente des corps pefants
ne peut eftre vn effect ny de leur forme, ny d'au-
ne faculté qui enfoit emanée. I'ay monftré que
le principe de toutes leurs actions naturelles
eftant vne nature particuliere ; elle ne peut agir
que pour le bien particulier des pierres , lequel
ne fe rencontre point en cette defcente. Leur mal
& leur deftruction s'y rencontrent bien fouuent,
fans qu'elles laiffent pour cela de tenir toufiours
le droit chemin, fe precepitants pluftoft parmy
leurs contraires, que de manquer de s'approcher
du centre du monde. I'ay auffi prouué que le
centre eftant vn point imaginaire, ne fait point
d'attraction ; & qu'il n'y a dans ce centre aucun
obiect qui les y puiffe attirer, ny determiner
leur forme à ce mouuement; ce qui eft pourtant
neceffaire en vne action purement naturelle.
Vous pourrez voir toutes ces chofes & quelques autres, defduites plus au long en mes Con-
fiderations fur Charron , ou i'ay conclu auffi

bien qu'icy que l'Inſtinct, eſt la ſeule cauſe de
ces moúuements.

*Que les corps peſants ne ſont point attirés
par vne faculté Aimantine qui
ſoit en la terre.*

CHAPITRE IV.

Yant ſuppoſé au chapitre precedent, qu'il n'y a aucune vertu en
la terre qui y attire les corps peſants ; il le faut prouuer en celuy
cy, & refuter l'opinion de quelques Modernes qui eſt fort diffe-
rente de la noſtre. Il nous accordent bien que ce
n'eſt point la peſanteur qui fait deſcendre les
corps peſants. Ils diſent qu'il en faut trouuer
neceſſairement vne autre cauſe, & le prouuent
par vn grand nombre de raiſons. Monſieur Gaſ-
ſandi en apporte ſept ou huiĉt fort conſiderables
dans les lettres qu'il en a eſcrittes à Monſieur
Dupuy. Il diſent en ſuitte que comme l'Aymant
enuoye de certaines vapeurs, qui eſtâts reflechies
par le fer, retournent vers l'Aymant, & y ame-
nent le fer : De la meſme façon, la terre enuoye
des atomes vers tous les corps terreſtres qui ſont
eſleués en l'air, & les attire à ſoy par vne vertu
Aimantine. Il eſt diſent-ils, d'vne pierre retenuë

en l'air, comme d'vne plaque de fer fort mince, que vous retiendriez en voſtre main, en ſorte qu'il y euſt par deſſous vne fort groſſe pierre d'Ay-mant. Alors ce fer qui hors cette rencontre vous pareſtroit tres leger, deuiendra dans voſtre main tres peſant. Ainſi comme nous ne pouuions ſou-leuer de pierre, ſans que ce gros Aymant de la terre ſoit au deſſous; de la vient qne les corps terreſtres nous paroiſſent peſants, encore que d'eux meſmes ils n'ayent point de peſanteur. Cette opinion toute ſubtile & ingenieuſe qu'elle eſt, ne ſe peut pas à mon aduis deffendre. Car ſans parler de l'attraction que l'Aymant fait du fer, & ſans dire que le moyen qu'ils en alleguent n'eſt pas encor bien eſtably, & que les probabi-lités dont ils l'appuyent ſont contrepeſées par des difficultez beaucoup plus grandes : Ie veux leur accorder ce qu'ils diſent de l'Aymant com-me veritable : Il ne s'enſuit pas qu'il y ait en la terre vne faculté attractrice des corps terreſtres. Et quand elle y ſeroit : Elle n'y ſeroit pas ſi ſen-ſible, ſi manifeſte, ny ſi puiſſante que dans l'Ayman. Ils recognoiſſent eux meſmes qu'vne petite piece d'Aymant a plus de force à ſouſle-uer le fer que toute la maſſe de la terre n'en a de ſ'attirer en bas. Cela eſtant poſé, d'ou peut pro-uenir que le fer deſcend auec tant d'impetuoſité? Vous dites qu'il eſt attiré par la faculté Ayman-tine de la terre. Mais cette faculté eſtant foible & de peu d'efficace en la terre, elle ne peut l'atti-rer que fort foiblement. L'effect ne peut qu'il ne ſoit proportioné à ſa cauſe, & ne peut pas eſtre impetueux lors que ſa cauſe a ſi peu

d'actiuité. Secondement puis qu'il est constant
que l'atraction de toute la terre est moins forte que celle d'vne petite pierre d'Aymant, il s'ensuit que la terre ne sçauroit attirer en bas ny
faire descendre plus gros de fer qu'vne petite
pierre d'Aymant n'en sçauroit esleuer. Il s'ensuiuroit encore que la terre n'attireroit pas de
si loin que l'Aymant, & que quand vn corps
terrestre seroit fort esleué, il ne pourroit plus
descendre.

En troisiesme lieu, si la pesanteur des pierres
ne se peut expliquer que par l'attraction que la
terre en fait : Il faudra dire que plus vne pierre
est proche de la terre & plus elle pose ; qu'il y a
plus de difficulté à faire perdre terre à vne masse
de plomb qu'à la sousleuer plus haut, pource
que l'action qui est immediate en tout sens, est
plus vigoureuse qu'vne autre. Tout ce qui attire
le fait moins puissamment de loin que de pres:
Et les raions attractifs qu'ils disent sortir de la
terre, ont moins de force lors qu'ils sont plus es-
parpillés. Ainsi il faudroit qu'vne pierre nous
pesast beaucoup moins en la main, estant au
haut d'vn clocher que sur terre. Et que plus
vous l'esleueriez en l'air, plus vous la trouuassiez
legere.

Apres cela si toute la pesanteur du plomb
vient de l'attraction de la terre : il s'ensuiuroit
qu'vne liure de plomb, peseroit autant en vostre
main que quatre, que vingt, que cent, & ainsi
iusques à l'infini : car ou l'attraction est esgale
le poids doit estre esgal, si tout le poids vient
d'attraction.

Deuant finir ie leur voudrois demander pourquoy c'est qu'vne motte de terre tombe tou∫-
jours par la ligne la plus droite, encore qu'il
y ait de l'eau par dessous, & que tout auprès
il y ait de la terre à laquelle elle se ioindroit
pour peu quelle en fust attirée ? S'ils disent
que cette motte est attirée par la terre qui
est sous l'eau : Ie leur demanderay pourquoy
c'est que l'autre terre qui est plus proche ne
l'attire pas ou ne la fait pas du moins biai-
ser ? N'est-il pas vray que ce qui est plus esloigné a moins de force, & que les raions
attractifs d'vne terre couuerte de cinq cens
brasses d'eau, en doiuent estre reflechis, & ont
grand peine à se communiquer au trauers d'vn
si vaste corps. Cela deuroit du moins en di-
minuer l'attraction. On me pouroit dire que
l'eau composant vn mesme globe auec la terre,
participe esgalement de cette faculté Aimantine. Mais puis que les Autheurs que ie refute, disent que la terre n'attire pas si fort qu'vn Aimant à cause que ses parties ne font pas si serrées
l'eau qui est encore moins reserrée que la terre
le doit bien faire plus foiblement. Apres comme Monsieur Gassandi veut que les corps pesants, s'arrestent à la surface de la terre sans auoir
d'inclination de descendre plus bas : d'où viendroit que les pierres & les Metaux ne s'arrestent pas à la surface de l'eau, & qu'ils la fen-
dent auec tant de violéce. L'experiéce nous fait
donc bien voir que la terre & l'eau n'ont point de
faculté Aimantine l'vne pour l'autre; Elles fuyét
plustost l'vne de l'autre, & ne se meslent qu'a-

pres beaucoup de reſiſtance : Cependant elles
forcent leur inclination naturelle, & abandonnent
le gros de l Element de meſme nature pour ſe
ioindre à leurs contraires, toutes les fois qu'elles
peuuent deſcendre plus bas. Cette deſunion des
corps ſemblables faite en faueur du centre ne
peut pas leur eſtre naturelle , & ſi ces corps
auoient la vertu d'attirer leur ſemblable, ils auroient la vertu de le retenir, l'vne eſtant inſepa-
rable de l'autre. Lors que le fer touche au coſté
de l'Aimant il en eſt retenu & ſuſpendu viſible-
ment: Mais ſi vous appliquez vne pierre au coſté d'vn rocher, & qu'elle ne ſoit point ſouſtenuë par deſſous, elle tombera auſſi impetueuſe-
mét en bas, que ſi elle ne touchoit pas à vn corps
de meſme nature, ce qui aide à refuter cette pre-
duë faculté Aimantine, que ie combattray encore par d'autres raiſons ſi ceux qui s'en ſont
declarez les protecteurs reſpondent à celles-cy,
& me font voir que ce n'eſt pas par Inſtinct que
les corps peſans deſcendent , & ſont portez en
bas.

De l'Instinct des Plantes & des Animaux.

CHAPITRE V.

'AY pleinement iustifié cy desus, que ceux qui attribuent vn Instinct aux Plantes parlent tresproprement; l'auois desia prouué la mesme chose au Chapitre cinquiesme de mes considerations. I'y auois fait voir qu'encore que la nourriture des Plantes, & leur accroissement fussent des effets de leur ame, & de leurs facultez : La diuersité de leurs feuilles & de leur branchage est vn effect immediat de la prouidence de Dieu, qui ayant voulu embellir le monde par cette diuersité ; a aussi voulu faciliter le discernement qu'il faut que les hommes en fassent pour les differents vsages ausquels ils les employent. Pour mieux dire si les Plantes n'estoient aidées que de leurs facultez naturelles : elles n'auroient ny feuilles ny branches: Elles n'auroient autre figure que la rondeur; Elles s'y estendroient vniformement de toutes parts, & distribueroient leur nourriture esgalement par tout, n'y ayant point de cause ny de raison qui les oblige de faire autrement. S'il leur arriuoit de pousser quelque feuille hors de cette rondeur, elles la pousse-

roient tant qu'elles pourroient: Elles y envoye-
roient autant d'aliment que les racines leurs
pourroient fournir de matiere. Les causes de
cette nature ne retiennent iamais leur actiuité, &
ne se prescriuent point de bornes. Ainsi vne
feuille croistroit tant qu'elle auroit de la vie &
de la verdeur, & seroit necessairement plus large
proche du tronc qu'elle n'est en son milieu. Toutes les choses qui sont au monde affectent la rondeur, & s'opiniastrent d'auoir cette figure tant
que leur fin, & le bien de leurs actions le peut
permettre. Chaque partie du monde se veut en
cela conformer à son tout. Les Mixes retiennent
aussi en cette forme l'inclination des Elements
qui les composent. Outre que cette figure est
plus propre pour conseruer la nature de chaque
corps particulier, & le garentir de ses contraires.
Ainsi cette figure bigarrée n'est point vn effet de
l'inclination des Plantes, qui conserueroient
mieux leur nature, & s'acquitteroient mieux de
toutes leurs actions naturelles sous vne forme
ronde, que sous les figures que nous leurs
voyons. Cette diuersité vient de l'Instinct
comme i'ay beaucoup plus fortement prouué
ailleurs, & par nombre de raisons ausquelles
Monsieur de la Chambre n'a point respondu.
Il a iugé que tout ce qu'on pouuoit faire estoit
de les dissimuler, ou de dire qu'elles n'estoient
pas à propos; Et il veut que sur sa parole nous
mettions pour vn fondement asseuré, que l'Instinct ne se rencontre, que dans les Animaux, &
qu'encore que les Plantes soient beaucoup plus
imparfaictes, elles n'ôt pas pourtant besoin d'au-

cun ſecours qui ſupplée à leurs défauts. Il croit
que pour nous faire abandonner tant d'illuſtres
preuues de la Prouidence de Dieu en les Plantes,
il ſuffit de dire qu'elles n'ont pas beſoin de cette
aſſiſtance.

Il ne nous reſte maintenant que de parler des
Animaux. Toutes les perſonnes raiſonnables y
recognoiſſent vn Inſtinct. La difficuté n'eſt que
de ſçauoir ce qu'il faut entendre par là. I'ay reſ
futé bien au long autre part, ceux qui diſent que
c'eſt la faculté Eſtimatiue. Et Monſieur de la
Chambre recognoiſt que ce ne l'eſt pas. I'ay auſſi
monſtré qu'il faloit que ce fuſt la Prouidence de
Dieu qui conduit les Animaux dans toutes les
actions qui ſurpaſſent leur cognoiſſance, & ou il
paroiſt des marques d'vne ſageſſe plus haute que
celle de leurs facultez.

Mais encore que cette opinion ſoit fort commune & tres-conforme à la raiſon, Monſieur de la
40 Chambre s'y oppoſe, & dit *que nous condamnons
la puiſſance de Dieu & ſa ſageſſe.* Si cela eſtoit
vray il ſeroit à craindre qu'il n'euſt blaſphemé
luy meſme contre Dieu au chap. de l'Amour, &
qu'en cet endroit il n'ait commis la meſme faute
eſcriuant comme il a fait , *que la creation de noſtre
Ame, & la determination indiuiduelle de chaque
effect, partent immedirement de la puiſſance de Dieu.*
Il ſera bien à craindre que la Sainȼte Eſcriture
dont i'ay ſuiui les maximes, & dont i'ay appris à
parler de Dieu, ne luy ſoit auſſi iniurieuſe. Et que
ſes Prophetes n'ayent combatu l'opinion que
nous deuons auoir de ſa puiſſance & de ſa ſageſſe.

Il demande , *s'il eſt poſſible que les Animaux*
n'ayent

n'ayent pas la moitié des vertus qui leur sont necessaires pour la vie ? Ie respons que les Animaux ont
sans Instinct, toutes les vertus necessaires pour la
vie. Ils ont la faculté de se nourrir, & toutes celles de l'Ame vegetatiue. Ils ont aussi toutes les
puissances de l'Ame sensitiue. Et on ne me sçauroit nommer aucune faculté hors la raison que
ie n'y recognoisse. I'attribuë aux Animaux toutes les actions qu'ils font , & n'en reserue rien pour
l'Instinct que l'impulsion & la conduite. Mais
quand nous dirions que les bestes n'ont pas la
moitié des vertus qu'il leur faut ; ie ne dirois
rien de contraire à la cognoissance que nous de-
uôs auoir de Dieu & de sa puissance. De ce qu'il
a donné des facultez aux Bestes, nous concluons
bienqu'il le pouuoit faire. De ce qu'il n'en a pas
donné d'auantage, nous ne deuons pas conclure
qu'il ne le pouuoit pas. Ie ne puis aussi souffrir qu'vn Philosophe interesse la sagesse de Dieu
dans les difficultez qu'il obiecte : Parce qu'il ne
comprend pas la raison de ce que Dieu n'a pas
voulu faire, il s'imagine qu'il ny en a point, &
veut borner des abismes infinis à la petitesse de
son intelligence. Outre les causes qui nous sont
incognuës, de ce que Dieu a ainsi dispensé son
Instinct pour suppléer aux defauts des choses naturelles ; nous en cognoissons d'autres que i'ay
designé dans le premier chapitre, & qui sont des
marques d'vne sagesse infinie. L'imperfection
des Animaux que l'on veut inferer de nostre
opinion ne nous deuroit pas du moins estre re-
prochée, par ceux qui recognoissent que toutes
leurs actions doiuent à Dieu leur acheuement

& leur determination indiuiduelle, outre le concours qui en accompagne auſſi bien le commencement & le progres. Car ſi ces deux aſſiſtances immediates ne preiudicient point à la ſageſſe de Dieu, pourquoy veulent-ils que la conduite de celles ou reluiſent des preuues d'vne ſageſſe admirable luy ſoit iniurieuſe?

Il adiouſte *qu'il eſt de la Majeſté de Dieu de ne rien faire que par l'entremiſe des cauſes ſecondes.* Mais outre que tout cela ſe dit ſans preuue, il faudroit que Dieu ſe fuſt ſerui de l'entremiſe des cauſes ſecondes pour créer le monde, & que les Elemens qui ſont des choſes plus viles que les Animaux, ne fuſſent pas des productions immediates de ſa puiſſance. Les Ames que Monſieur de la Chambre auouë partir immediatement de Dieu; & le concours dont il recognoiſt que toutes les actions ſont aſſiſtées, ne ſe font pas par l'entremiſe des creatures. Nous ne diſons pas que Dieu fait les actions des Animaux les plus vils. Nous diſons qu'ils les conduit & qu'il les dirige. Et quand nous dirions tout ce que l'on nous veut faire dire, nous n'attribuëriõs rien à Dieu qui ſoit indigne de ſa grandeur. Il eſt de Dieu comme d'vn Roy qui n'abbaiſſe point ſa Majeſté en faiſant iuſtice à ſes ſujets les plus vils, & ne ſe fiant pas à ſes Officiers de la conduite de ſon pauure peuple. Dieu ne s'aſuiettiſoit à rien qui fuſt indigne de luy, lors qu'il ferma la bouche aux hommes par la production des inſectes les plus vils; ne leur permettant pas de l'ouurir que pour faire cette recognoiſſance, que c'eſtoit la main de Dieu. Comme il a luy ſeul creé toutes

les chofes du monde, il les conduit encore par
fa prouidence. Et il n'eft pas moins noble
de continuer fon action que de l'auoir commen-
cée.

Ie ne comprens pas bien ce qu'il dit en fuite,
que la Nature eft l'art de puiffance de Dieu. Ce
qu'il adioufte, *que c'eft le threfor d'où il tire les
vertus de chaque chofe,* auroit encore befoin d'explication. Car fi par le mot de Nature il entend l'amas des caufes fecondes, il fuppofe ce
qui eft en queftion. Que s'il veut parler de la
puiffance ordinaire de Dieu : il ne contrarie en
rien noftre opinion qui ne met pas l'Inftinct au
rang des miracles.

Il nous obiecte, *que Dieu ayant fait toutes cho-*
fes auec poids & mefure, n'a pas laiffé vn fi grand
vuide en celles-cy. Ie refpons que le paffage de
l'onziefme de la fapience, d'où cette obiection eft
prife, n'eft pas allegué bien à propos pour noftre
different. Il ny eft parlé que de la mefure ou pluftoft de la mediocrité que Dieu auoit obferué
dans le chaftiment de quelque faute. Secondement quand il feroit dit que Dieu auroit donné
des facultez à toutes fes creatures auec poids &
mefure, il n'en faudroit pas inferer que les creatures ont tout ce qu'il faut de facultez pour l'accompliffement de leurs actions. Mais pluftoft
tout le contraire. Car quand rien ne manque à la
perfection de quelque chofe, l'Efcriture dit, que
Dieu ny a point gardé de mefure. Ie pourrois
biē encore me feruir de ce paffage pour mon opinion, & y trouuer vn fens fauorable, en difant,
que Dieu a tellement pefé & mefuré ce qu'il a

donné aux creatures , que faiſant voir ſa puiſſance par qu'elles-vnes de leurs actions; il manifeſte ſa bonté par d'autres, & fait paroiſtre en
toutes ce qui eſt de ſa ſageſſe infinie. Il aiuſte
tellement ſon ſecours aux operations des cauſes
ſecondes, qu'il ne rempliſt que le vuide qui y eſt
naturellement, & ne meſure l'aſſiſtance de ſon
Inſtinct qu'a la meſure de leurs defauts.

Monſieur de la Chambre continuë de nous
obiecter, *que l'homme eſtant abandonné à la foi-*
bleſſe de ſon raiſonnement , les Beſtes ne ſont pas
aſſiſtées d'vn ſi puiſſant ſecours. I'auois apporté
diuerſes responſes à cette obiection qu'il deuroit
auoir refutées. I'en feray cy apres vn chapitre,
ne voulant examiner en celuy cy que ce qu'il
adiouſte, *que Dieu ayant trouué des moyens na-*
turels pour former le raiſonnement & l'intelligence:
il n'y a pas apparence qu'il n'en ait peu trouuer
pour les actions des Beſtes qui ne demandent pas
vne ſi grande puiſſance. Ie reſpons que Dieu a
peu tout ce que Monſieur de la Chambre infere,
& des choſes infiniment au deſſus. Mais pour ſe
preualoir contre moy de cette ſorte de raiſonnement, & my obliger de m'y arreſter plus long
temps, il deuoit prouuer que Dieu la voulu
faire & qu'il y a eſté obligé : Et que ne l'ayant
pas fait il nous a donné occaſion de condamner
ſa ſageſſe. Il ſe deffend *de ce qu'on le pourroit ac-*
cuſer d'offenſer la prouidence de Dieu en luy oſtant
vn ſoin ſi particulier : parce qu'il ne nie pas qu'il
n'aſſiſte , les creatures de ſon concours , & que
c'eſt luy rendre plus d'honneur de dire qu'il a
fait toutes choſes en leur perfection , que dire

qu'il supplée à leurs defauts. Mais s'il est vray
que le concours soit la seule action par laquelle
Dieu manifeste sa prouidence. Il faut dire que
tant d'autres effects par ou les Philosophes & les
Theologiens l'ont si solidement prouuée, sont
arguments qui ne concluent rien. Il s'ensuit de
la qu'il n'y a aucun ouurage en la Nature, qui
manifeste plus euidemment qu'vn autre, ce qui
est de la prouidence de Dieu : que le concours
se trouuant esgallement par tout, on y trouue
aussi esgalement les preuues de la prouidence.
Elle sera aussi manifeste dans l'action du feu qui
brusle vn fagot, que dans ce bel ordre des saisons
& dans ce bel aiustement de toutes les parties
d'vn corps humain. Et si c'est luy rendre plus
d'honneur, de dire qu'il ne manque rien à la
perfection des creatures ; qu'elles n'ont besoin
d'aucun supplément à leurs defauts : nions hardiment que Dieu soit le createur de nostre ame, &
le conseruateur de toute la nature. Disons re-
solument qu'ayant creé toutes les choses en perfection, leur subsistence ne despend point de
Dieu, ny leurs actions de l'assistance de son concours. Mais plustost disons qu'il a donné à ses
creatures dequoy faire toutes les actions qu'il a
voulu qu'elles fissent, sans leur donner dequoy
faire ce qu'il luy a pleu se reseruer à luy seul
pour la manifestation de sa bonté & de sa prouidence.

Voyla tout ce que Monsieur de la Chambre auoit a opposer à nostre opinion & tout ce
qu'vn bon esprit a peu produire contre nostre
sentiment de l'Instinct. Voyons maintenant

s'il sera plus heureux a establir le sien.

Opinion de Monsieur de la Chambre touchant l'Instinct.

CHAPITRE VI.

42 Presque Monsieur de la Chambre nous a obiecté ce que vous vous aurz veu , il conclut. *Que puis que l'Instinct ne vient point de dehors , il faut le rapporter à vne des facultez de l'animal : que cette faculté n'estant pas du rang des vegetatiues , doit estre l'imagination ou l'appetit que l'vn estant aueuglé, il faut qu'il soit esclairé par l'autre , qui cognoist ce que l'Appetit doit faire dans les mouuements de l'Instinct.* **43** Il adiouste, *que cette cognoissance ne peut pas luy estre fournie par les sens externes : qui ne seruent en ces rencontres que pour en resueiller vne autre plus noble qui vient des images interieures, & des Especes naturelles que la Nature luy a im-* **44** *primées des le premier moment de la naissance .* Il **45** dit en suitte, *que ces images interieures ne produi-* **46** *sent aucune cognoissance , si elles ne sont excitées par* **47** *les exterieurs qui sont semblables à celles du dedans :* ce qu'il esclaircist par quelques exemples, & explique par quelques autres , *l'enchaisnement qui* **48** *est entre ces Especes , & que de la cognoissance de*

l'vne on vient necessairement à la cognoissance de
l'autre, que la fourmy voyant du blé se resouuient de
qu'il en faut faire en suite.   Il dit aussi, que toutes
les cognoissances de l'Instinct, sont practiques desti-
nées pour agir aussi bien dans les Hommes que dans
les Bestes.   Il prouue en suitte, que ces images ne
sont pas en la faculté Estimatiue. Et conclut, qu'elles doiuent estre en la memoire : autrement celles
qui sont acquises ne pourroient pas s'y vnir comme
elles sont. Voyla qu'elle est son opiniõ de la nature
de l'Instinct, laquelle il a desduite fort au long.
Il ne restoit qu'a la bien prouuer & à bien establir ces images naturelles des Bestes.   Il pouuoit
bien croire que ie les nierois ; s'il ne les appuioit
bien fortement: Que si ie n'en auois parlé qu'en
passant en mon liure contre Charron , c'est que
ie sçauois qu'elles estoient decreditées depuis
long temps.   Et ie ne voulus pas faire l'honneur
à cette opinion de la refuter, sçachant qu'apres
auoir eu quelque vogue dans les Escholes elle
en auoit esté enfin honteusement bannie.   On me
dira peut estre que ie dissimule les preuues que
Monsieur de la Chambre a apportées.   Mais ie
n'en trouue point d'autre que celle qu'il pense tirer de l'exemple des Anges, dont ie ne veux pas
differer plus long temps l'examen.   Il dit *que les*
Anges ont de pareilles images que la Philosophie &
la Theologie ont esté contraintes de le recognoistre.
En quoy il nous veut faire passer pour vne maxime de la Theologie , ce qui n'est tout au plus
qu'vn doute & vn sentiment particulier de quelques Theologiens.   Tous ceux que l'on a appellé Nominaux , & diuers d'entre les Modernes

n'admetent d'autre cognoiſſance dans les Anges
que celle que l'Eſchole nomme intuitiue. Et
parmi ceux qui leur donnent des Eſpeces , pluſieurs commé les Diſciples de l'Eſcot veulent
qu'ils les acquierent comme nous faiſons; & ne
leur en attribuent tout au plus de naturelles que
quelques vnes qui ſont fort generales. Ils refutent
les Autheurs du parti contraire, qui ont attribué
aux Anges vne auſſi parfaite cognoiſſance des
choſes abſentes,& qui ne ſõt pas encores arriuées
que de celles qui ſont preſentes , & qui les mettent hors d'eſtat d auancer iamais leur ſcience &
de profiter de l'experience. Outre diuers autres
raiſonnements que ie ne veux pas alleguer, la
Sainĉte Eſcriture y ſemble contrarier , quand
S. Paul dit, qu'il annõce des myſteres qui eſtoient
demeurez cachez en Dieu iuſques alors , & que
les puiſſances qui ſont dans le Ciel n'auoyent cognu que de ſon temps,& encore par vn moyen exterieur,qui eſt celuy de l'Egliſe,*Ephes.3. ʋ. 9. 10.*
Au fonds il n'y a rien de plus conteſté & de plus
incognu que la cognoiſſanc des Anges:Et Monſieur de la Chambre a iuſtement choiſi ce qu'il y
a de plus obſcur dans les plus hautes ſciences,
pour en eſclaircir vne queſtion qui n'eſt que purement Phyſique. Nous ſçauons bien que les
Anges n'ont point d'organes corporels ; &
ne doutons pas que toutes les Eſpeces qui
ſortent des corps ne ſoyent materielles. Elles ne laiſſent pas de ſeruir d'obieĉt aux cognoiſſances Angeliques & à celles de nos ames
lors qu'elles ſont deſpouïllées de leurs organes
corporels.Et puis que mon Aduerſaire recognoit

que noſtre entendement qui eſt inorganique ne
laiſſe pas de iuger des Eſpeces ſenſibles : pourquoy veut-on deſnier la meſme faculté au Anges
& s'opiniaſtrer à nier ſans fondement qu'ils n'ont
pas cette vertu agiſſante qui illumine les Eſpeces
& les deſpouïlle de coutes les imperfections de la
matiere? Ie ne veux pas inſiſter ſur cette doctrine, parce qu'elle m'eſt indifferente pour noſtre
queſtion, & que ie ſuis reſolu d'accorder par
complaiſance : ce qu'auſſi bien on ne ſçauroit
me faire auouër par force. Ie veux que les Anges ayent des Eſpeces connaturelles, ſenſuit-il
de la que les Beſtes en ayent de la meſme ſorte.
Monſieur de la Chambre dit que ouy : *Et que
Dieu a eſtably cet ordre en l'vniuers que les perfections qui ſont accomplies dans les choſes les plus
hautes, ſoient commencées dans celles qui leurs ſont
inferieures.* Cependant il y a mille facultez tres
excellentes dans le Metaux & les autres Mine-
raux : dont il ne paroiſt pas la moindre trace
dans les Elements. La nourriture & les autres
parties de la vegetation ſont accomplies dans les
Plantes : & ne ſont point commencées dans les
choſes qui leurs ſont inferieures. La veuë, la memoire & l'imagination ne ſe trouuent que dans
les Animaux. Et ie feray voir cy apres que la raï-
ſon de l'homme n'a rien qui luy reſemble & qui
en aproche dãs les Beſtes. D'où on voit que Dieu
n'a point eſtably cet ordre que l'on nous veut
perſuader. Il en a eſtably vn tout contraire : &
comme il a voulu que les vertus ſpecifiques
fuſſent celles qui ſont les plus parfaites : Il a
voulu auſſi qu'elles fuſſent incommunicables, &

qu'il ne s'en rencontrast rien dans les Estres inferieurs. Ie dis bien plus, c'est que la difference
specifique de toutes les choses, qui cognoissent ne
se peut prendre d'ailleurs que de leur cognoissance. La preuue de cela est que la vertu de cognoistre est la plus noble, & la plus approchante
de la Diuinité: Ainsi c'est elle qui establist les
choses qui en sont douës dans leur Estre le plus
souuerain, & qui les distingue de tous les autres.
Si donc ce qui est parfait ès les Anges estoit es-
bauché dans les Bestes comme dit Monsieur de
la Chambre: Il seroit euident que les Anges &
les Bestes, seroient de mesme Espece: & que le
plus & le moins qui s'y rencontreroit ne seroit
pas capable de les en faire differer. Voila quel
estoit l'vnique fondement de Monsieur de la
Chambre sur lequel il conclut *que les Images na-*
tunelles des Anges estants tres-parfaites, les hommes
en ont de moins distinctes, mais qui sont plus esleuées
& plus lumineuses que celles des bestes en qui elles
sont grossieres, confuses & en petit nombre, Sur
quoy il faut dire que si les Images naturelles des
Bestes sont plus confuses & plus imparfaites, que
celles des hommes, il deuoit conclure qu'elles
n'en ont point du tout, Celles que nous auons,
sont si obscures que la pluspart des Philosophes les nient absolument apres Aristote. Et ie
ne voy pas qu'il soit fort facile de les conuaincre.
Ie suis neantmoins d'opinion que nous auons naturellement quelques Especes de Dieu, & des
premiers principes : Mais elles sont si minces
qu'il est impossible qu'elles le soient moins, &
nous en pouuons bien conclure seurement tout le

contraire de ce que Monsieur de la Chambre en
a voulu inferer.

Examen plus particulier de la doctrine du Chapitre precedent.

CHAPITRE VII.

Ette opinion me semble fort de-
fectueuse en ce qu'elle ne rend raison que de l'Instinct des Animaux,
sans considerer que c'est vne assistance commune à toutes les choses du monde : Et partant il faloit en chercher vne cause qui fut commune
sans la restraindre aux especes de la memoire: qui
ne sont point dans les autres corps ou i'ay prouué que l'Instinct se rencontre: Et iusques à ce que
l'on ait respondu à mes raisons ie seray bien fondé à le soustenir. Secondement Monsieur de la
Chambre est contrainct d'auouër que l'Instinct
tel qu'il le pose seroit inutile aux Animaux s'ils
n'auoient de la raison, qu'il ne fait rien sans elle
& qu'il en est inseparable. De sorte que iusques
à ce qu'il soit bien certain que les bestes raisonnent, son opinion de l'Instinct ne peut estre bien
establie : c'est à dire qu'elle ne le sera iamais. En
quoy il faut qu'il confesse que nostre sentiment
a vn grand aduantage sur le sien : parce qu'il

peut expliquer tous les effets de l'Inſtinct ſans preſupoſer d'autres doutes, & ſans ſe fonder ſur vne choſe ſi douteuſe que la raiſon des beſtes. D'ailleurs quand i'auray monſtré cy apres que les Enfants naiſſants & qui ne raiſonnent point, reçoiuent de grands ſecours de l'Inſtinct, i'en tireray vn argument inuincible contre l'opinion de Monſieur de la Chambre, & luy donneray la peine de nous trouuer vn autre Inſtinct qui puiſſe agir ſans la raiſon, & qui ne ſoit pas inutile ſans elle.

Pour le troiſieſme, ie voudrois bien ſçauoir qu'elle eſt la cauſe efficiente de ces images natu-relles, & d'où c'eſt que les beſtes les reçoiuent. On nous reſpond que c'eſt la nature qui les a imprimées dans l'ame de chaque Animal. Mais ie m'eſtois deſia plaint eſcriuant contre Charron de ce que l'on vouloit nous côtenter de cette raiſon. Ce terme de nature a tant de differétes ſigni-fications, qu'à proprement parler il n'en a pas vne, & ce n'eſt rien dire que nous l'alleguer. La nature eſt toute la collection de tous les genres des cauſes qui ſont au monde: Elle comptend la premiere auec toutes les ſecondes ; de ſorte qu'en diſant que la nature a fait cela ; c'eſt à dire que cela eſt l'effect de quelque cauſe. Nous ſommes en peine de ſçauoir la cauſe propre des Images naturelles des Beſtes. Si on me deman-doit qu'elle eſt la cauſe des images naturelles des Anges & des Hommes? Ie vous reſpondroy ſans heſiter que c'eſt Dieu qui les donne à noſtre ame en la creant ſans l'entremiſe d'aucune cauſe ſe-conde, Mais les Ames des Beſtes qui ſe font de

la matiere & qui refultent de fes difpofitions,
n'ont point de caufe qui leur puiffe communiquer ces images, qui font en nous des preuues bié
expreffes que noftre ame eft fpirituelle , & qu'elle vient de Dieu. Que fi vous me demandez:
Dieu ne peut il pas créer les efpeces dans vne
Ame materielle, Ie vous refpondray que de
vray Dieu peut tout ; mais que nous difputons
contre des Aduerfaires qui luy ont tellement lié
les mains depuis la creation du monde, que hors
le concours ils ne luy attribuent aucune action
fur les creatures; Ils croiroient faire fi grád tort
à fa Sageffe en recognoiffant que les Efpeces naturelles font immediatement de luy. D'ailleurs
la Metaphyfique nous enfeigne que la creation
immediate, n'eft que des chofes fubfiftentes , &
ne fe termine point aux accidents, comme font
les Efpeces naturelles. Il nous en faut donc
chercher vne autre caufe d'où l'Ame d'vne Befte
les puiffe receuoir. Ce fera fans doute de l'Ame
de la Befte qui la engendrée, & par l'entremife
de la femence ce qui eft bien difficile à conpren-
dre. Car fans alleguer que la femence qui n'a
point d'ame , & qui n'a point de memoire , puis
qu'elle n'en a pas les organes: n'eft pas vn fujet
propre à tranfmettre & à conferuer ces Efpeces;
c'eft que les Efpeces ne font pas de nature à eftre
tranfmifes, ny à fe prouigner par la generation.
Elles font de mefme nature que les acquifes , &
cela fe peut prouuer par l'experience qui nous
enfeigne qu'elles fe fortifient les vnes les autres
au dedans de nous. Nous fçauons auffi par là
que nous en auons d'acquifes par les fens qui

qui font plus fortes & plus lumineufes que
les naturelles : d'où ie conclus que puis que les
Enfants d'vn Pere fort fçauant, ne naiffent pas
moins ignorants que les autres , & que les plus
fortes Efpeces de la memoire, ne fe tranfmettent
point par la generation : que d'autres qui font
plus foibles , & neantmoins de mefme nature ne
peuuent point eftre tranfmifes : & par confequent qu'elles ne font point naturelles , comme
font les facultez qui fe perpetuent par la generation. Apres tout nous fçauons que les Rats qui
s'engendrent de pourriture dans vn nauire, & qui
n'ont point de Peres, voyants vn Chat le recog-
noiffent des la premiere fois & le fuyent comme
leur ennemy mortel. Vn Chien ou vn Moutõ ne
leur caufent point tant de terreur. Perfonne ne
doute que cela ne fe faffe par Inftinct, mais on
fçait bien que cela ne fe fait point par des images naturelles, parce qu'il n'en peut auoir de la
nature , & que cet Inftinct auffi bien que celuy
qui fait la ftructure de fes organes , defpend
d'vne caufe plus haute que n'eft la femence, & que
ne font toutes celles qui font proprement naturelles.

Nous ne fommes pas encore au bout de nos
difficultez. Car il n'eft pas poffible que ces Efpeces naturelles ne fe perdent auec l'aage d'vn
Animal : Et qu'elles ne s'euanouyffent en fa memoire fi elles ne font fouuent renouuellées. Cependant vne vielle Hirondelle qui aura long
temps demeuré en vne cage, fçait auffi bien au
partir de la, comment il faut faire vn nid que fi
elle en auoit fait tous les iours de fa vie. Ce ne

font donc point les Images de la memoire qui
font l'Instinct : car puis que celles qui font acquifes font plus fortes , & que pourtant elles fe
diminuent tous les iours en l'homme, qui a la memoire de plus de durée qu'vne hirondelle, pourrions nours croire ces images naturelles fubfi-
ftaffent fans aucun dechet , & euffent cet aduantage fur le temperament naturel & fur toutes les
autres qualitez de naiffance, que de conferuer la
mefme vigueur malgré le temps qui ruine toutes
les chofes materielles? Monfieur de la Chambre
auoit préueu cette difficulté , ce qui luy a fait
dire que les images naturelles , font tellement 62
vnies auec l'ame qu'il eft impoffible de les defta-
cher : qu'il faut que le baftiment tombe auant
que les portraits s'en corrompent. Ce qu'il explique par vn exemple, au lieu de le prouuer par
vne raifon. D'ailleurs ces Images ne font pas
plus vnies à l'ame que les facultez , & le font
moins que la memoire qui eft le lien qui les vnift;
qui fe diminuë pourtant auec l'âge , & emporte
auec foy vne partie des Efpeces qui luy ont efté
commifes. Apres cela il eft certain que l'Ame
d'vne Befte n'a rien qui ne luy foit commun auec
le corps , & que ces images ne peuuent eftre que
dans vne partie du cerueau qui eft l'organe de la
memoire, qui fe diffipe auec les Efpeces qui y font
grauées. En fin quand elles feroient immediatement vnies à l'ame d'vne Befte, & qu'elles en pe-
netreroient touté la fubftance, la difficulté feroit
la mefme: car l'ame des Beftes eft vne chofe materielle, qui fe corrompt tous les iours, & à befoin
d'vne reparation continuelle : Ainfi il faut bien

qu'à mesure que le bastiment tombe les portraits
s'en corrompent. L'homme seul dont l'ame est
incorruptible , peut y auoir des caracteres per-
durables : cela ne tire point à consequence pour
les Bestes dont l'ame est dans vn flux perpetuel.
Et ie trouue que Platon s'y prenoit tort bien, lors
qu'il emploioit la reminiscence, & les Especes que
le temps ne ruine point, pour en prouuer l'im-
mortalité de nostre Ame.

L'instinct ne peut encore pas estre attribué
aux Especes naturelles des Bestes , s'il est vray
qu'elles soyent plus confuses que celles de l'homme, comme Monsieur de la Chambre dit qu'elles sont, & comme il luy a bien falu auoüer, pour
ne pas renuerser l'ordre que Dieu a estably en
l'vniuers, & n'estre pas contraint de recognoistre
quelque auantage naturel que les Bestes ayent au
dessus de l'homme qui est le chef d'œuure des
mains de Dieu. Il est donc constant que si les
Bestes ont des Images naturelles: Elles en ont
de plus confuses & de plus inparfaites que les
nostres. Ce ne sont donc pas ces Images , qui
font leur Instinct, car outre que l'Instinct y est
plus manifeste, & moins contredit qu'en l'homme
c'est qu'vne operation si distincte & si delicate
que celles des Fourmis & des Abeilles ne peut
proceder d'vn principe de cognoissance qui est
côfus & grossier. L'industrie des Araignées doit
venir cause bien lumineuse puis que toute nostre
raison & toute nostre intelligence n'y sçauroient
rien adiouster. Aprescela nous sçauons que les
cognoissances qui procedent des Especes naturelles ne sont point si certaines & ne determinent
point tellement l'Esprit qu'elles puissent esgaler
la

la certitude des operations de l'Instinct. Nous
l'experimentons en nous mesmes lors qu'il nous
faut parler de Dieu & des premiers principes de
la Metaphysique, & sur tout lors qu'il faut rendre ces cognoissances practiques & les appliquer
à la fin que Dieu s'en est proposé, en nous les
donnant. Le peché d'Adam & la cheute de plusieurs Anges qui auoient des Especes infuses
tres-parfaictes, ont bien fait voir que leur determination estoit fort inconstante & fort incertaine; & que de moins distinctes ne sçauroient
produire aucun effet si reglé & si constant, que
l'Instinct des Bestes nous en fait voir tous les
iours. On respondra peut estre à cette derniere
consideration, en disant que l'imagination des
Bestes est esclaue des Especes, & qu'il faut qu'elle s'y conforme : au lieu que l'Entendement des
Anges & des Hommes est libre & indeterminé.
A quoy ie replique premierement, que la liberté est proprement en la volonté, & que l'entendement se laisse determiner aux Especes infuses
& naturelles; ce qui n'en empesche pas l'inconstance & l'erreur, & ne peut pas les empescher
dans l'imagination qui est vne faculté plus inconstante & plus temeraire. Secondement encore que l'Imagination se laisse conduire aux
Images de la memoire, elle s'abandonne encore
plus à celles des obiets presents qui ont plus de
force & de vigueur. Il n'est donc pas impossible
qu'elle en soit quelquefois diuertie, & que ce-
là ne la fasse faillir en les operations de l'Instinct;
ce qui n'estant iamais arriué, il faut bien que
leur conduite despende d'vne autre cause. Pour

la fin, quand quelqu'vn fe voudroit preualoir de
la refponfe que ie viens de refuter, ce ne feroit
pas Monfieur de la Chambre, puis qu'il a efcrit
que les Animaux fe pouuoient empefcher de
pourfuiure les objets de leur Inftinct, lors que
leur raifon, a qu'il veut que les Efpeces de l'Inftinct foient affuietties, iuge que ces obiets
font trop effoignés & hors de prife. Il dit ailleurs qu'encore qu'vne Befte ait dans l'imagination les Efpeces naturelles qui la portent à faire
quelque ouurage, elle s'empefche de le faire iufques à ce que fa raifon iuge qu'il eft vtile, ou
lors qu'elle voit que cela eft defia fait par d'autres. S'il ne fe rencontre en cela vne liberté que
l'Efchole appelle de contradiction, il n'y en eu
iamais au monde. Et fi dans le iugement que la
raifon des Beftes fait de l'vtilité ou de la poffibilité des actions de fon Inftinct, elle ne fe trompe
point; voila cette raifon brutale releuée au deffus
de celle de l'Homme & des Anges; Car elle eft
maiftreffe de fes obiets; elle ne s'y laiffe iamais
furprendre; elle ne fe trompe iamais lors qu'elle
iuge de leur vtilité & de leur poffibilité : toutes
fes actions font certaines & infaillibles.

Ie croy que fi vne Hirondelle n'eftoit pouffée à faire fon nid ; que par des Images
naturelles qui font toufiours prefentes : elle
en feroit en tout temps, & feroit en tout
temps prouifion de fes materiaux : elle ne pourroit voir de bouë fans en prendre, ny de plumes fans en ramaffer. Son Imagination ne
pourroit eftre excitée par cette veuë, fans eftre
auffi excitée à pratiquer le refte de fes cognoif-

sances selon l'ordre ou elles se trouuent; Il ne
seroit point besoin que la saison & la fermenta-
tion des humeurs, luy en representassent les
Idées : puis qu'elles sont bien plus parfaictement
representées par la veuë des obiets presents.
Mesme on ne sçauroit comprendre que ce soit
le besoin de pondre ; & le sentiment qu'elle en a,
qui l'incite à chercher les Materiaux de son nid.
Elle les cherche long temps deuant qu'en auoir
besoin. Et ie ne sçay pourquoy Monsieur de la
Chambre a escrit qu'elle ne s'empesche si long
temps de pondre ; que parce qu'elle iuge qu'il luy
seroit inutile, si elle n'auoit vn nid pour conseruer ses œufs. Cela me fait souuenir de ce qu'vn
Astrologue de cette Ville disoit à sa femme qui
se sentoit pressée d'accoucher: il la coniuroit
d'attendre quelques heures , & que le danger
d'vne mauuaise constellation fust passé. La raison
ne peut rien en ces occasions sur les femmes ny
sur les hirondelles. Et il ne faut point de raison
à celles-cy pour s'empescher de pondre lorsque
leurs œufs ne sont encore pas bien formés dans
leur ventre.

Ie m'estonne aussi de ce que les Bestes qui se
portent bien, ne touchent point à certaines her-
bes , qu'elles mangent lors qu'elles se sentent malades : ny comment la veuë de ces obiets n'excite point l'idée naturelle de les manger. Ie ne
comprens pas non plus comment les Bestes malades sont poussées à chercher les Plantes medici-
nales, ny comment elles y sont conduites par
leurs images naturelles. Tout ce qu'on peut respondre est, que l'image de l'herbe est attachée à

l'image de la maladie ;& que l'vne excite l'autre.
Mais ie voudrois bié que l'on m'euſt expliqué ſi
les Beſtes ont vne idée vniuerſelle qui repreſente
toutes les maladies : ou ſi chaque ſorte de mal a
ſon image dans le cerueau. Quoy que l'on die,
il ne ſera pas aiſé de deffndre ce que Monſieur
de la Chambre eſcrit ailleurs, que les Beſtes ne
cognoiſſent rien d'vniuerſel ; & que neantmoins
elles n'ont des images que de fort peu de choſes.
Ie n'inſiſte point la deſſus. Ie veux accorder que
la ma¹adie fait cognoiſtre à l'imagination d'vne
Beſte, la plante qui luy ſert de remede : & que
iamais elle ny paroiſt en ſanté. Ie veux croire
encore qu'elle a vn autre image qui la porte à
manger cette herbe, lors qu'elle eſt preſente. Il
eſt queſtion de l'aller chercher en des lieux ou
cette Beſte n'a iamais eſté & dont elle n'a point
d'images naturelles, parce dit Monſieur la
Chambre qu'elle *n'en peut auoir des lieux & des
rencontres où elle trouae ſes commoditez.* Ce ſont
choſes contingentes & fortuites, dont il dit,
qu'elles ne peuuent auoir de cognoiſſance determinée.
Il me dira qu'elles y ſont conduites par leur raiſon? Mais outre les difficultés qu'il y a d'acorder
de la raiſon aux beſtes, c'eſt que l'infaillibilité
à les trouuer & à prendre touſiours le droit chemin, n'eſt point vn effet de la raiſon. Apres tout
elles ne peuuent faire de raiſonnement en cette
occaſion qui leur ſerue que cette propoſition n'y
ſoit *Toutes choſes dont la nature a conioint les images auec l'idée d'vne maladie : doiuent eſtre vtiles
à la guerir.* Voila vne maxime bien contempla-
tiue & bien generale, qui eſt pourtant neceſſai-

re pour former vne concluſion. Car des choſes
particulieres , on n'en ſçauroit tirer de conſequence qui vaille, diſent les Logiciens. La Raiſon des Beſtes ne peut pas ſuffire à faire vn diſcernement ſi exaćt des Plantes, ny à les empeſcher d'eſtre ſurpriſes par la reſſemblance de quelques autres , ce qui arriue aux plus habiles Her-
boriſtes. Il faut encor auoir recours aux images de la nature. Mais puiſque Monſieur de la
Chambre eſt contraint de recognoiſtre que ces
images ſont fort confuſes : Elles ne peuuent pas
eſtre le principe d'vne cognoiſſance ſi infaillible.

*De l'Inſtinct qui ſe remarque aux hom-
mes , & que ce n'eſt ny vn Effet de
leur raiſon , ny de leurs images naturelles.*

CHAPITRE VIII.

'AY diuiſé les aćtions de l'Homme dans le premier Chapitre, ou
apres en auoir attribué la plus part
à ſes facultez: i'en ay reſerué quelques vnes que i'ay promis de faire
uoir eſtre des effets de l'Inſtinct. La premiere
eſt la conformation qu'vne Mere fait du corps
de ſon enfant. La ſtructure en eſt ſi merueilleuſe

qu'elle ne peut estre faite sans cognoissance : Et
encore que les esprits de la mere soient les instruments de cette fabrique; ils ne peuuét pas en estre
les Intendāts ny les directeurs. Ce sont des corps
insensibles & sans cognoissance, qui par consequent doiuent estre conduits par vne cause
intelligente, qui sçache l'vsage de chaque partie de ce corps, & qui la sçache former confor-
mement à l'action qu'elle doit faire. Qu'elle sera cette cause intelligente si ce n'est la premiere?
C'est icy que nos Aduersaires se trouuent reduits
à de grandes angoisses. Les vns disent que la chaleur des Esprits suffit pour cela parce qu'ayant
la vertu de separer les choses heterogenes, & de
ioindre ensemble les homogenes; par cette vertu
elle fait la composition & la distinction de toutes les parties. Ie ne nie pas que la chaleur ne serue
en cette action : mais ie nie que ce soit elle qui
en fasse la conduite. Si elle en estoit la maistresse
cause, elle en troubleroit tout l'ordre. Et la vertu
qu'elle a d'assembler & de separer luy seroit fort
prejudiciable. Bien loin de faire vn entrelasse-
ment si merueilleux de parties de diuerse nature
elle rangeroit tous les os en vn, qu'elle mettroit au
fonds de tout le corps, puis elle rangeroit
tous les cartilages alentour, & laisseroit toutes les
chairs en vn seul endroit, en la partie la plus esse-
uée. Voila ce que feroit la chaleur si elle n'estoit
conduite par la sagesse de quelque autre cause
dans tout le procedé de son operation. Quelques vns disent que c'est l'ame de la mere: les
autres veulent que ce soit l'ame de l'enfant qui est
l'Architecte de son propre corps, estant raison-

nable & capable de cette cognoiſſance. Mais
encore qu'elle ſoit raiſonnable, elle ne raiſonne pas dans le ventre de la mere, & encore
qu'elle ſoit ſuſceptible de cette cognoiſſance,
elle ne la pas de long temps apres : ou pluſtoſt
elle ne la iamais, & n'en ſçait iamais tous les reſ-
ſorts ny tout le ſecret. L'ame des Meres ne le
ſçait point non plus · elle y agiſt ſans cognoiſſance, & ſans auoir appris l'Anatomie, elle ne
ſçait point le nombre & la ſituation des nerfs, ny
combien de fibres il faut à vn chacun d'entreux
pour ſe bien acquitter de ſon action.

Puis donc que cette cognoiſſance & cette
action vont au deſſus de toutes nos facultez, &
au deſſus des forces de noſtre nature, il faut bien
qu'elles ſoient ſupplées par l'Inſtinct, & Monſieur de la Chambre ne me la pas nié. Reſte
donc que nous voyons luy & moy ; ſi ce ſont
des images naturelles dans la memoire des femmes qui preſident à cette belle ſtructure, & ſi
leurs facultez ſont conduites par ces idées : Mais
cela eſt ſi eſloigné de toute apparence, que ie
croiroy perdre tout le temps que i'employeroy
à le refuter. Il ſuffit que nous ſçachions que cet
Inſtinct n'a rien de commun aues les Eſpeces
naturelles qui ſont en l'eſprit d'vne femme ; &
que puis qu'il faut chercher vne autre cauſe de
cet Inſtinct; nous ferons bien d'en chercher vne
qui ſoit commune à tous les autres ; & les rapporter tous à Dieu, dont la puiſſance & la ſageſſe
leuent tous les doutes, & font ceſſer toutes les
difficultez. Et encore que l'on obiecte communement la naiſſance des Monſtres, & toutes les

erreurs de la conformation , cette objection est
friuole, ainsi que i'ay pleinement expliqué en mes
considerations. I'y ay aussi fait voir que l'Instinct n'abandonnoit pas les enfans au ventre de
leur mere apres les auoir conformés ; Et que s'ils
y demeurent plusieurs mois suspendus & flot-
tants sur de certaines eaux; ce ne peut estre qu'vn
effet de la prouidence de Dieu : qui fait par ce
moyen , éuiter aux meres diuerses incommodi-
tez qu'elles en receuroient, & que i'ay expliqué
ailleurs apres les Anatomistes. Mais dés que
les enfans sont nez, cet Instinct les abandonne.
Ils vont au fond de toutes sortes de liqueurs. Et
s'il est vray que les Alemans eussent coustume de
plonger leurs enfans dans le Rhin , & de ne recognoistre pour legitimes que ceux qui surna-
geoient: ils auoient mauuaise opinion de toutes
leurs femmes. Il n'en est pas ainsi des Bestes, elles sçauent toutes nager sans auoir besoin de
l'apprendre : parce qu'aussi bien il leur seroit
presque impossible. L'Instinct leur supplée en
cela au defaut de leurs facultés, & les assiste plus
puissamment, pource qu'elles en ont plus de besoin. Au lieu que l'homme le peut apprendre
lors qu'il a acquis quelque force , & que dés sa
naissance il est commis à la preuoyance de personnes raisonnables, dont les soins suppléent au
defaut de l'Instinct; de mesme que l'Instinct supplée aux Bestes au defaut de celles qui nourrissent les autres. Et ne vous imagines pas que ce
soit quelque disposition dans le corps des Bestes
qui leur donne cet auantage. Les Bœufs & les
Elephants ont le corps plus pesant que l'homme

leur figure eſt moins propre à eſtre ſouſtenuë ſur
l'eau, & leur addreſſe eſt moins grande que la
noſtre : cependant nous n'apprenons à nager
qu'auec beaucoup de peine, & nous n'en auons
l'Inſtinct qu'auant noſtre naiſſance. Ainſi cet
Inſtinct ne peut pas eſtre attribué aux images naturelles de Monſieur de la Chambre leſquelles ne
s'effacent & ne ſe perdent iamais. Secondement
quand vn Enfant auroit des idées naturelles de
cette action, il n'a point aſſez de force pour la
continuer pluſieurs mois ſans interruption, &
pour mettre ſi long temps en pratique les cognoiſſances de la nature.

C'eſt vn defaut commun a beaucoup de Medecins, ſur tout à ceus qui n'ont pas bien eſtudié
la Phyſique, de rapporter tout ce qu'ils voyent
aux facultez naturelles en general, ſans ſe mettre
en peine de ſçauoir de quelque faculté en particulier, vne action peut deſpédre. Pourueu qu'ils
dient que la nature fait cela, ils ſe contentent eux
meſmes, & ſe perſuadent auoir bien ſatisfait les
autres. Mais ceux d'entr'eux qui veulent conſiderer les choſes de plus pres, ſe trouuent en diuerſes occaſions merueilleuſement empeſchez, &
ſe ſentent obligez de recognoiſtre vn Inſtinct qui
ne dépend point de ce que les autres appellent la
nature. Vne des choſes qu'ils admirent le plus
eſt ce qui paſſe en l'enfantement. Auicenne qui
en ſçauoit bien autant que les Modernes, dit qu'il
s'y fait des choſes qui ſeroient impoſſibles ſi
Dieu ny contribuoit ſon aide. Les parties qui y
ſeruent ne les ſçauroient faire d'elles meſmes, &
les images naturelles n'y ſeruent de rien, non plus

qu'à ce que la nature fait en fuite pour transpor-
ter ailleurs ce qui feruoit de nourriture à vn
Enfant auant fa naiffance.

Ce n'eft point non plus par le moyen des images de la memoire qu'vn Enfant fçait réter lors
qu'il vient au monde. Ce n'eft point par aucune
cognoiffance naturelle qu'il ouure la bouche
lors qu'on l'approche du fein d'vne femme, &
qu'il la ferme en fuitte pour en fuccer le laict.
Voila vne action raifonnable fans raifon]& vn
effect de l Inftinct puis qu'il eft au deffus de toutes les facultez naturelles. Cette action pour ordinaire qu'elle foit, ne peut eftre confiderée
fans eftonnement. Hippocrate la trouuoit fi
merueilleufe qu'il a efcrit, qu'il faloit bien que les
enfans l'euffent long temps pratiquée dans le
ventre de leur mere, qu'autrement ils ne la pourroit pas faire auec plus de facilité qu'vne perfonne auancée en aage n'en efprouue lors qu'ils la
veut imiter. Voila à qu'elles erreurs s'abandonnent les plus grands hommes lors qu'ils fe
veulent empefcher de recognoiftre l'Inftinct, &
la prouidence de Dieu. Nous deuons cependant ce tefmoignage à Hippocrate, de dire qu'il
la recognuë en fuitte, & qu'il a dit que la Nature
trouue les voyes fans raifonnement : qu'elle ne
fçait rien d'elle mefme, & qu'elle fait tout ce
qui eft conuenable fans le fçauoir, & fans iamais
l'auoir appris.

Vn Enfant ne fçait point ce qu'il fait en cette
occafion, ny à quel deffein il le fait. Il ne fçait
point qu'il y ait du laict dans le fein de fa nour-
riffe, ny que ce laict luy foit vtile n'en ayant ia-

mais eſprouué les vtilitez. C'eſt ce que i'ay exa-
geré ailleurs, & y ay ioint quelques autres conſiderations pour faire voir combien la prouidence de Dieu eſt euidente en cette action : ne
l'ayant rapporté icy que pour prendre occaſion
de refuter les Eſpeces naturelles de Monſieur de
la Chambre. Elles ne peuuent pas eſtre de miſe
en cet endroit, ny ſeruir à l'explication de cet
Inſtinct. Premierement on nous auoüe qu'elles
ſont inutiles ſi la raiſon n'en prend le ſoin & la
conduite. Or eſt-il qu'vn enfant naiſſant ne raiſonne point, & qu'il ne ſe ſert que long temps
apres ſa naiſſance, des images des premiers
principes, ny des autres qu'il a receu de ſa nature. Secondement on recognoiſt que les Eſpeces naturelles ne s'effacent iamais, & par conſequent que puiſque les enfans oublient à téter
en vieilliſſant, ils n'en n'ont naturellement aucune cognoiſſance, ſuiuant la derniere penſée d'Hi-
pocrate. En troiſieſme lieu, puis que ces Eſpeces n'ont point d'autre ſubjet que la memoire,
& que nous ſçauons que les enfants n'en ont
point iuſques à ce que leur cerueau ſoit vn peu
deſeché, concluons qu'il faut que l'Inſtinct des
enfants vienne d'ailleurs que d'eux meſmes.

De meſme certains Autheurs ſouſtiennent que
ce ce n'eſt ny à la raiſon des enfants, ny à leurs
Eſpeces naturelles qu'il faut rapporter ce qu'en
tombant ils oppoſent leurs bras à leur cheute,
pour ſe garentir la teſte & preuenir vn plus
grand danger par cette petite reſiſtance. Ils ne
font pas cela par raiſon, puis qu'ils ne raiſonnent
pas encores. Et quand ils raiſonneroient cela

ſe fait trop ſubitement pour en deliberer. Les
Hommes faits ne raiſonnét pas en ces occaſions,
ny lorſqu'ils hauſſent le bras en voyant approcher quelque coup qui leur va tomber ſur la reſte. C'eſt vn reſte d'Inſtinct qui ſupplée en vne
occaſion ſi preſſée à la tardiuité naturelle de noſtre raiſon, & au deſordre où cette ſurpriſe reduit toutes nos facultez. Quand l'eſprit eſt interdit de peur, & tout le reſte du corps immobi-
le, les bras ne manquent iamais d'aller au deuant du coup, & de ſe haſarder pour ſauuer le
reſte du corps. Tout cela ſe fait ſans cognoiſſance, auſſi n'en reſte-il rien par apres dans la
memoire. D'autres diſent qu'il en eſt de meſme
d'vn homme qui ſe noye. Encore qu'il ait perdu tout iugement, & qu'il ne raiſonne plus, il
fait vne action fort raiſonnable. Il ne rencontre
rien de ſolide qu'il ne s'en ſaiſiſſe, meſmes il em-
poigne ſi fortement, que quand il auroit toute ſa
force naturelle ; elle ne ſuffiroit pas pour vn ſi
grand effet, il luy faudroit quelque ſupplément.
A plus forte raiſon luy en faut-il, lorſque la
frayeur & quelques autres cauſes l'ont affoiblie
au point qu'elles l'afoibliſſent, ſans le faire laſ-
cher priſe pour cela, & ſans que des perſonnes
robuſtes luy puiſſent arracher ce qu'il ſerre ſi
eſtroictement. C'eſt en des occaſions de cette
nature qu'il ſemble à quelques vns qu'encore
que Dieu ait pour l'ordinaire abandonné l'homme à la conditte de ſa raiſon, il ne laiſſe pas de
l'aſſiſter de ſon Inſtinct.

Ie veux faire voir la meſme choſe par quelques
vnes de nos actions ordinaires, d'euſſe ie encou-

rir la difgrace de quelqués Medecins. Ie leur
demande fi la nature de l'homme qui agift fans
cognoiffance fuiuant leur confeffion, peut fi feurement paruenir à fa fin fans qu'il y ait quelque
caufe intelligente qui conduife cette aueugle? Ie
leur demande encore comment noftre eftomach
peut s'acquitter de tout ce qu'il fait fans eftre
conduit par quelque autre raifon que la noftre,
qui n'y agift point du tout ? Il appete vn aliment
dont il nefe nourrit pas. Il en appette plus qu'il
ne luy en faut , & ne fe contente iamais qu'il
n'en ait pour tout le refte du corps. Il l'embraffe,
le cuift & le digere comme fi c'eftoit pour luy:
& neantmoins quand il eft cuit il le met incontinent dehors & ne s'en referue pas vn atome.
Il l'éuoictout au Foie qui de fon cofté ne fe laffe
iamais de faire du fang , & trauaille pour toutes
les autres parties auec autant defoin que fi elles
le gageoient pour cette befongue, où qu'ils re-
cognuft qu'elles en ont befoin. I'admire encore
d'auantage l'Eftomac de ce qu'il n'appette d'ordinaire l'aliment que lors que le corps n'en a
point befoin. Car lorsqu'il s'en s'eft vuidé , les
veines s'en rempliffent & ne peuuent pas fi toft
fentir de difette,n'y fuccer l'Eftomac,comme on
s'imagine. Il faut donc qu'il ait de la preuoian-
ce & qu'il recognoiffe que s'il attendoit que les
veines fuffent efpuifées à leur faire prouifion,
elles patiroient de fa negligence, tout autant de
téps qu'il en emploiroit à faire du chyle. N'eft ce
point auffi que noftre Eftomac a des images naturelles tout de mefmés que les fourmis , & qu'il
en eft conduit en fes operations : ou pluftoft que

l'Instinct & ſes preuoyances ſont au deſſus de la Nature.

I'ay encore rapporté ailleurs à l'Inſtinct la diſtinction que noſtre imagination fait des Muſcles qui ſont deſtinez à faire chaque ſorte de mouuement. I'ay fait voir bien au long que cette cognoiſſance & cette conduite ne luy peuuent venir d'ailleurs : que ce n'eſt rien dire que de l'attribuer à la Nature : Et que nous n'auons point de faculté en qui en ſçache faire le diſcernement. I'ay prouué en ſuite que nos facultez ne s'y meſprenants iamais, leur action eſtant certaine, nonobſtant le nombre & l'embarras de ces Muſcles ; il falloit que nous y fuſſions conduit par l'Inſtinct, & par vne plus grande ſageſſe que la noſtre. S'il n'y auoit que les Beſtes qui employaſſent les Muſcles aux vſages auſquels ils ſont deſtinez : on nous voudroit perſuader qu'elles en ont des images naturelles enchaiſnées auec l'Eſpece du mouuemont qu'elles veulent faire; qu'elles ne peuuent cognoiſtre le mouuement qu'elles ne cognoiſſent les organes qui l'executent. Mais puis qu'il eſt queſtion de nous meſmes, il n'eſt pas aiſé de nous en faire accroire. Et s'il eſt vray que nos Aduerſaires ayent eu des le premier moment de leur naiſſance la cognoiſſance des choſes qui leur ſeruent pour la vie, nous n'auons pas eſté ſi bien partagez. Noſtre memoire n'a pas eſté naturellement ſi remplie de ces images ; ce que nous en auons, eſt acquis par les ſens, & nous couſte du trauail & de l'eſtude.

De l'Instinct des Bestes : que ce n'est n'y vn effect de leur raison n'y de leur Especes Naturelles.

CHAPITRE IX.

I E vous prie de considerer qu'encore que Monsieur de la Chambre nie que l'Instinct se rencontre aux corps insensibles, il auoüe que l'Homme en reçoit de l'assistance, & qu'il faut bien qu'il le recognoisse, ou qu'il renonce à l'vnique fondement que peut auoir son opinion. Or est-il que nous auons veu que l'Instinct ne despend en l'Homme que de la prouidence de Dieu, sans qu'il ait d'images naturelles qui y puissent rien contribuer, d'ou l'on doit inferer qu'il en est ainsi aux Bestes, & qu'vn effect commun doit auoir vne cause commune. Et puis que nous auons rapporté à Dieu la conformation des Enfants au ventre de leur mere, & que nous n'auons point trouué de raison ny d'autre cognoissance en l'Homme capable d'vn si grand effect : Ne nous faisons point ce tort, d'en attribuer aux Bestes, & de les releuer en cela au dessus de nous. Ne nous figurons point, qu'elles sçachent mieux que

nous l'Anatomie d'vn corps organisé & l'vsage
de ses parties. Et puis qu'il paroist en leur stru-
cture des marques aussi illustres de cognoissance & de sagesse qu'en la nostre, disons hardiment que l'vne & l'autre despendent d'vne mesme cause. Ce n'est pas seulement dans les plus
excellents Animaux ou cette construction est si
merueilleuse. Elle l'est autant dans vn Rat qui
n'aist de la pourriture: Et l'est bien plus dans
le corps d'vn Moucheron. L'organisation en est
si artificieuse & si delicate, que côme elle eschape
a nos sens, elle surpasse nostre intelligence &
toutes les forces de la Nature. Ie croy pourtant bien, que les causes naturelles contribuent à
leur generation: que l'humidité de l'air, & que
la chaleur qui vient de la pouuriture y disposent
la matiere. Ie veux croire encore que le Soleil
& ses influences n'y sont pas inutiles. Bref i'accorde tout autant d'opiniôs qu'il vous en plaira
auoir sur ce sujet. Mais la difficulté reste tousiours de sçauoir, qui est ce qui range cette matiere en ordre : & qui d'homogene qu'elle est, &
vniforme, en fait plus de mille differents organes qui composent le corps d'vn Moucheron?
Qui est ce qui peut vnir en si peu d'espace tant
de parties sans confusion? Ne me dites pas que
c'est la Nature : car ce n'est pas respondre en
Naturaliste. Chaque effect doit auoir sa cause
determinée. Or est-il que de toutes les causes
particulieres qui composent la nature en gros,
il n'y en a point de si intelligente que l'homme.
Il ne sçauroit pourtant pas auoir aiusté toutes
les pieces d'vn Moucheron. Apres cela nous ne
　　　　　　　　　　　　　　croirons

croyrons pas que des choses insensibles en soyent
capables : que la terre & l'air en se pourrissant
acquierent cette cognoissance ; ny qu'vne science si haute soit vne suite de leur coruption. Il
faudroit necessairement que ces causes naturelles fussent raisonnables: ou que la Nature eust
logé dãs cette pourriture des images de cet artifice,& des Especes connaturelles de cet Instinct.

Ie ne comprens pas bien non plus que ces
images interieures se puissent loger dans vn œuf,
ny que la cause qui y fait la conformation d'vn
Oyseau en exprime les Idées par son artifice: ny
d'ou c'est qu'vn poussin au sortir de cet œuf à
peu auoir les images naturelles d'vn Milan? Il
faut qu'vne organisation si raisonnable si propre
pour les actions que doit faire vn Oyseau vienne ou de quelque raison ou de la disposition dé
matiere. Ce n'est pas de la disposition de la matiere puis qu'elle est vniforme. D'ailleurs si cela venoit de sa diuersité & que la chaleur naturelle ne fist qu'en separer les parties heterogenes
tout ce qu'il y auroit de grossier se rangeroit en
vn seul endroit. D'autres ont aussi remarqué que
si dans l'œuf d'vne Tortuë, il n'y auoit vn Instinct
qui trauerse l'inclination naturelle des matieres
heterogenes qui composent le corps de cette
Tortuë: Elle auroit toute son escaille sous le
ventre; parce que les choses pesantes se rangent
tousiours en bas , si on les abandonne à leur
mouuement ordinaire.

Les Animaux terrestres ont dans le ventre
de leur Mere & dans le point de leur naissance,
les mesmes assistances de l'Instinct que i'ay re-

marquées aux hommes. Ils en ont encore de
plus euidentes immediatement apres leur naiſſance , parce qu'auſſi ils en ont plus de beſoin
pour ſuppléer au defaut du ſoin de leurs Meres,
& des autres Animaux de meſme Eſpece qui ne
s'y intereſſent point. De la vient qu'au lieu
qu'vn Enfant ne trouueroit iamais le ſoin de ſa
nourrice ſi on ne l'y portoit ; vn Aigneau le va
chercher & le rencontre de luy meſme par Inſtinct, qui ſupplée d'auantage ſes imperfections
lors qu'elles ſont naturellement plus grandes. Il
faut que Monſieur de la Chambre die icy con-
formément à ſes principes : que les Agneaux
agiſſent auec cognoiſſance; & ſont guidez par les
images que la Nature a imprimé en leur memoire. Mais outre la difficulté qu'il y a de croire
qu'vn Agneau ait de la memoire dés le premier
moment de ſa naiſſance, puis que la Nature luy
en donne ſi peu au temps de ſa plus grande perfection. C'eſt que Monſieur de la Chambre eſt
contraint d'auouër que cette memoire & ſes
images naturelles ſont inutiles ſans la Raiſon. Or
eſt-il qu'vne Beſte n'a point cet auantage ſur
l'Hôme que de raiſonner dés ſa naiſſance : & puis
que les organes de leurs ſens externes n'ont encore pas la diſpoſition neceſſaire pour leurs actions;
On ne me perſuedera pas qu'ils ayent l'interieur
mieux diſpoſé, & capable d'vne fonction ſi noble que celle d'vn raiſonnement ſi parfait. Exa-
minez tant qu'il vous plaira les actions des Beſtes : vous n'en verrez point de ſi raiſonnables,
que celles qu'elles ſont lors qu'elles viennent
au Monde ; qui neantmoins ne peuuent pas proc

ceder de Raison. Elles ne peuuent pas non
plus venir des Especes connaturelles : car s'il
nous est permis d'en iuger par les nostres ; l'I-
magination des Bestes est long temps sans les
cognoistre. Et comme nous ne profitons point
en nostre Enfance des lumieres que la Nature
nous donne de Dieu & premiers principes ; de
mesmes les Bestes ne se peuuét preualoir en naiffant de leur pretenduës images Naturelles. Et
comme encore toutes les Images que nous auons
de naissance sont fort foibles si l'instruction ou
la meditation ne nous les fortifient ; & que nous
n'en sçaurions inferer autrement vne conclusion qui nous soit euidente & bien certaine. De
mesmes ce que les Bestes font sans instruction,
sans consultation, & auec tant de certitude ; ne
peut estre l'effect de leurs Especes naturelles,
Apres tout quand les Agneaux auroient des Especes Naturelles ; & qu'elles leur seruiroiét à cognoistre le tetin de la Brebis en le touchant: Elles
ne leur seruiroient de rien pour l'aller chercher
ainsi que ie l'ay monstré cy dessus plus au long.

I'ay rapporté ailleurs à l'Instinct le soin que
les Bestes ont de leurs productions , & monstré
qu'il ne procedoît point de leur raison. Ie l'ay
prouué par ce que nous voyons que les Bestes les
plus timides changent de naturel , & deuiennent
courageuses pour la conseruation de leurs petits
Quelques vnes nous parroissent furieuses & se
iettent impetueusement sur des Animaux beaucoup plus puissants, que hors cette occasion, elles n'oseroient auoir regardés. Tout le monde
appelle cela vn Instinct : la difficulté n'est que

de ſçauoir ſi cette amitié eſt vn effect de leur cognoiſſance & de leur Raiſon. I'ay ſouſtenu que
non, & l'ay monſtré, parce que ſi cela eſtoit vne
veritable & raiſonnable amitié ; Elle ſeroit plus
grande que celles que les Femmes ont pour
leur Enfants ; Cela n'eſt pourtant pas poſſible,
puis qu'il n'eſt pas de l'amitié comme de l'A-
mour ; & que celle-là eſt touſiours plus grande
où il y a d'auantage de Raiſon.   Or eſt-il, que
l'on nous accorde que les Beſtes ſont moins raiſonnables que l'Homme. Et nous ſçauons par
experience que les Hommes les plus brutaux , &
qui approchent plus de la Nature des Beſtes ne
ſont iamais capables d'vne grande amitié, ny d'en
rendre des preuues conſidetables. Ie n'ay iamais veu parmi nos Payſants d'affection deſin-
tereſſée. Celuy de tous leurs Enfans qui eſt le
plus robuſte eſt le plus honoré , quelque vicieux
qu'il ſoit d'ailleurs. Il prend en hyuer le deuant
du foyer.   On oblige le Pere & la Mere de luy
faire place auec reſpect : Et lors qu'ils ſont fort
vieillis on rend leur condition plus miſerable
que celles des valets qui trauaillent.   S'il n'aiſt
aux Payſanes quelque Enfant maladif ; Elles
l'abandonnent ſans aucun ſoïn ; quelque vertueux
qu'il puiſſe eſtre. Elles luy teſmoignent moins
d'affection que les autres Animaux n'en ont pour
leurs petits. Car ils les aiment ſans intereſt.   Ils
ne s'atendent point d'en eſtre ſoulagez en leurs
peines ; ny nourris en leur vieilleſſe. Quand cela ſeroit vray des Cicognes ce que l'experience
de quelques Modernes à conuaincu de faux : Il
ne ſeroit pas vray en toutes les Eſpeces , qui

neantmoins tesmoignent autant de passion en la
nourriture de ce qu'elles ont mis au Monde.
Les Bestes seroient donc plus raisonnables que les
Femmes, si cela procedoit de Raison & de cognoissance. Leurs petits recognoistroient aussi
ces bons offices vn iour , & feroyent quelque distinction de leurs parents d'auec les autres Bestes:
Et s'il est vray que les Bestes parlent comme
nos Aduersaires n'en doutent point: Ie m'estonne de ce qu'en ceste occasion il ne se fait point
de remonstrance ny de reproche d'ingratitude,
enuers celles qui battent leurs Meres ou qui les
mangent comme font les Corbeaux.

En troisiesme lieu si l'affection des Bestes
estoit accompagnée de Raison.. Elle seroit plus
grande lorsque l'obiect seroit plus aimable. Et
comme l'education que l'on a fait d'vn Enfant
redouble l'amitié que l'on luy porte : Et que
les Meres ayment d'auantage les Enfants qu'elles
ont nourris de leur laict , que ceux qu'elles
n'ont que simplement mis au monde. Il s'ensuiuroit que l'affection des Bestes croistroit auec
le temps. Et qu'elles paroistroient plus empres-
sées pour conseruer ce qu'elles auoient amené à
perfection ; que pour ce qui ne viendroit simplement que de n'aistre. Les Hommes raisonnables ayment bien plus leurs Enfants lors qu'ils
sont grands. Ils en pleurent moins la mort lors
qu'ils sont petits & s'interessent moins en ce qui
les touche. Vn homme qui en vseroit autrement
seroit estimé le faire sans Raison. Quel iugement pouuons nous donc faire des Bestes qui
abandonnent leurs petits des qu'ils grandissent,

qui les mescognoissent tout à coup, & qui laissent battre & estrangler auiourd'huy ; ce qu'elles deffendoyent hyer au danger de leurs vies , & auec des ardeurs si impetueuses ? Disons donc qu'en cela elles n'agissent point auec cognoissance: Et que mesmes elles ne suiuent point en cela les images de la Nature. Car puis que ces images ne s'effacent iamais dit Monsieur de la Chambre , & que neantmoins l'affection naturelle des Bestes se perd si subitemêt: disons encore que tout cela ne peut prouenir que de la prouidence de Dieu ; qui ne continuë cette assistâce aux Bestesqu'autant qu'il la iuge necessaire.

Nous en verrons encore d'autres marques bien illustres si nous y regardons de plus pres, & que nous considerions que parmy toutes les Bestes qui nourrissent leur petits de laict : les Masles n'en prennent aucun soin , ny de la Femelle qui les nourrit. Est ce que les Masles n'ont point de Raison ou que la Nature ne leur a point donné d'images en la Memoire, qui les conduisent en cette action ? Mais cela ne peut pas estre, parce que toutes les Facultez de l'Ame & toutes les lumieres Naturelles sont communes à l'vn & à l'autre sexe. Et s'il y a quelque auantage d'vn costé, c'est le Masle qui le partage. Comme il doit estre plus raisonnable que les Femelles: Il doit aussi s'interresser à la conseruation de son Espece & de ce qui a fait autrefois vne partie de sa substance.

Parmy les Oyseaux il paroist vne difference d'Instinct fort merueilleuse. Ceux qui marchent desqu'ils sont nez & qui aydent à la Mere à chercher de la nourriture ; comme les poulets & les perdriaux ne reçoiuent aucune aſſiſtance de leur Pere. Mais ceux qui ne peuuent trouuer leur nourriture qu'en battant beaucoup de pays : qui n'ont ny force ny plumes pour en aller chercher ſont autant ou plus nourris par leurs Peres que par leurs Meres.

On remarque encore que les Oyſeaux de proie, & generalement tous ceux qui ſont les plus chauds, dont l'Eſtomac ne peut pas ſi long temps ſupporter la faim, & dont les œufs ſeroient plus incommodes de froid. Ceux là diſ-je couuent tour à tour comme les Pigeons : Et il ſemble que les Maſles ayent plus de ſoin des œufs que les Femelles. Ce n'eſt pas qu'ils ayent plus de Raiſon que ceux de quelques autres Eſpeces qui mangent les œufs, & dont il faut que les Femelles ſe deſrobent pour demeurer au nid; ou elles mai-griſſent ſans auoir ſoin de ſe nourrir, ny de con-tenter leurs autres appetits. Cependant elles ne cognoiſſent point la fin ny le but de cette peine: Si elles la cognoiſſoient ou qu'elles s'y en propo-ſaſſent, elles en iouyroient apres l'auoir acquiſe n'abandonneroient pas leurs petits des auſſi toſt qu'ils ſe peüuent paſſer de leur peines. En tout cela il ne paroiſt point de cognoiſſance. Il en pa-roiſt encore moins en ce que ſi vous oſtez les les œufs d'yne poule ; & que vous luy en donniez de fort different des ſiens, comme ceux d'Oye ou de perdrix : Elle n'y cognoiſtra rien, & les couuera tout de meſme & auec autant d'aſſidui-té que ſi elle les auoyent pondus. Quand ils ſont eſclos, elle a autant de ſoin des Oyſons, que

E iiij

les poulfins. Elle en nourrift quelques-fois de
trois ou quatre Efpeces enfemble fans qu'elle les
difcerne, ou qu'elle tefmoigne quelque difference en fon affection.   Neantmoins on nous veut
faire accroire que les Beftes n'agiffent en leur
Inftinct que par cognoiffance & par Raifon:
qu'elles ont des images en l'Efprit de tout ce
qu'elles font. Ie trouue auffi quelque difficulté a
expliquer dans l'opinion de Monfieur de la Chambre, d'ou vient qu'vne Oye qui voit vn Oyfon
qu'elle n'a point couué, ne le nourrift point : &
cōmēt cette image exterieure ne refueille & n'excite point en fon Efprit, les autres images que la
Nature a enchaifné a celle cy, & qui la deuroyent
porter a en prendre foin : Et fa raifon contri-
bueroit auec fes images, fur tout lors que cet
Oyfon a perdu fa Mere, & qu'il eft defnué de
tout fupport. Ie ne comprends pas auffi comme
vn Oyfon naiffant accourt auffi toft à la voix de
la poule qui la couué, la premiere fois qu'elle
l'appelle, qu'il accourroit a celle d'vne Oye. Cependant il y a bien de la difference entre la voix
d'vne Oye & celle d'vne Poule; l'image qui les
reprefente ne peut pas l'eftre la mefme. Et en tout
cela il n'y peut auoir de cognoiffance.   Voyla
quelques-vns de nos arguments pour l'Inftinct :
aufquels Monfieur de la Chambre n'a pas daigné
s'arrefter. Il a fait plus d'honneur à quelques
autres que nous verrons au Chapitre fuiuant auec
les refponfes qu'il y a apporté, apres auoir dit
60 neantmoins, qu'ils font plus de tort à noftre Raifon qu'a celle des Beftes.

Examen des responses de Monsieur de la Chambre à quelques vnes de nos Raisons.

CHAPITRE X.

'Auois apporté pour preuue de noſtre opinion de l'Inſtinct la preuoyance des fourmis. I'auois dit que ce n'eſtoit point leur Raiſon qui les conduiſoit en cette action. En effet quand on tranſporteroit en France le plus habitant ſage des pays ou il ny a point d'hyuer: Il ne s'auiſeroit iamais de receuillir les fruicts de l'Eſté, ny d'en faire prouiſion pour vn autre temps. Toutes nos actions raiſonnables ont pour fondement & pour principe l'experience ou l'inſtruction. De ſorte que les Fourmis qui n'ont iamais veu d'hyuer & qui n'ont eu aucune inſtruction de ſes rigueurs & de la diſette qui ſe trouue lors ſur la terre, ne peuuent point les deuiner; ny en rien coniecturer par les apparences. Il leur eſt eſgalement impoſſible de ſçauoir qu'il faut ronger vne partie du blé pour l'empeſcher de germer & de ſe corrompre; puiſqu'vn homme qui ne l'auroit pas eſprouué ne ſçauroit pas le coniecturer par Raiſon. Ie

I'ay fait voir plus au long en mon liure contre
Charron. I'y ay auffi monftré qu'vne Brebis
qui fuit le Loup fans l'auoir iamais veu auparauant: Ne peut eftre meuë à cette action par aucune cognoiffance, ny par autre chofe que l'Inftinct. I'ay prouué que ce n'eft point la taille,
ny la forme exterieure du Loup qui l'efpouuan-
té. I'ay auffi fait voir bien clairement que la
Brebis ne fuit point le Loup par vne anti pathie
Naturelle : Et qu'il eft impoffible qu'il y en ayt
entre ces deux Efpeces, non plus qu'entre les
autres qui s'entremangent. Ainfi il ny a aucune
caufe naturelle de cette fuitte ny autre Raifon
que celles que nous tirons de l'Inftinct, parce
que nous fuppofons qu'elles n'ont iamais veu de
Loup, ny efté inftruites du mal qu'elles en doiuent craindre. Monfieur de la Chambre ref-
61 pond à cela, *que des leur naiffance elles cognoiffent*
leur ennemy par le moyen des images de la Nature:
& qu'il n'importe fi ces images font naturelles ou
acquifes. mais il me femble auoir cy deffus eftoufé
ces images Naturelles par tant de raifonnemens
contraires qu'elles ne peuuent plus paroiftre en
cette difpute qu'à leur confufion. D'ailleurs il
importe beaucoup pour la certitude du raifonnement, de fe feruir d'images qui foient claires &
diftinctes comme font les acquifes, & non pas
de celles qui font confufes & groffieres comme
Monfieur de la Chambre dit que font les Efpeces naturelles des Beftes. Nous en auons dit-il,
de plus lumineufes que les autres Animaux. Cependant nous fçauons bien qu'elles font plus obf-
cures que celles que les fens nous ont acquifes,

& nous ne raisonnons iamais si certainement
que lors que nostre Raison est fondée sur nostre
experience. Nous auons naturellement de certaines idées : mais lors que nous en voulons faire l'application & les reduire en acte, nous nous
y méprenons grossierement, & auons besoin que
l'instruction nous y serue de guide. Il ne suf-
firoit donc pas aux Bestes d'auoir ces idées naturelles plus parfaictes que l'Homme. Il faudroit encore qu'elles eussent la Raison plus excellente. On ne sçauroit se figurer d'images
dans la Memoire des Animaux plus fortes ny
plus apparentes que celles qu'vne experience
continuée acquiert aux Hommes : neantmoins
nostre Raison se trompe bien souuent dans les
conclusions qu'elle en infere. Que si vn Homme
a la Raison foible , ses experiences ne luy forment aucune cognoissance asseurée. Nous
voyons des Vieillards qui ont fait de grandes
affaires, & qui ont la Memoire remplie de tout
ce qu'ils ont fait , & de tout ce qu'ils ont veu
faire. Cependant de principes qui sont si nets
& si forts : ils n'en forment que des nations confuses, & des pensées peu raisonnables. Il ne
suffit donc pas d'auoir des images dans la Memoire ; ou d'auoir quelque degré de raisonnement , puis-que les vieux Hommes qui ont
plus de Raison que les Bestes ne s'en seruent
point auec tant de certitude, comme il en paroist
dans les actions de l'Instinct. Apres cela l'experience nous enseigne que parmy les Hommes
les vns se seruent mieux des cognoissances de la
Nature & de ses principes que les autres : &

quoy qu'ils y appliquent leur Eſprit eſgalement,
ils ne reuſſiſſent pas eſgalement en la pratique
qu'ils en font. Mais parmy les Beſtes qui agiſſent
par Inſtinct ; chacune s'en acquitte d'vne meſme ſorte : ce qui aide à nous faire voir que l'Inſtinct eſt bien different des cognoiſſances de la
Nature , & qu'il n'eſt point gouuerné par la
Raiſon des Beſtes. Cela ſera bien plus euident
ſi on conſidere qu'encore que les Animaux
euſſent ces pretenduës images dés leur naiſſance;
elles leur ſeroient inutiles lors de leur naiſſance
auſſi bien qu'aux Enfants, faute d'auoir les facultez pour s'en ſeruir. C'eſt ce que i'ay prouué
cy-deſſus, & monſtré que les Animaux naiſſants
ne pouuoient pas auoir l'exercice de la raiſon, ny
preſque aucune cognoiſſance. D'où ie conclus
que l'Inſtinct n'eſt pas vn effet de leur cognoiſſance: auſſi bien n'eſt-il iamais ſi euident que lors
que la cognoiſſance eſt plus foible & plus obſ-
cure.

L'exemple des Abeilles eſt le ſecond dont ie
me ſuis autrefois ſerui pour monſtrer que les
Beſtes agiſſoient dans leur Inſtinct ſans raiſonnement. Ic le prouuois premierement parce que
on les a veuës toutes agir , & en tous les ſiecles
d'vne meſme ſorte que toutes leurs actiós ſót certaines, infaillibles & inuariables.De la ie con-
cluois qu'elles ne venoient donc pas de raiſonnement. Ie le monſtrois ce me ſembloit bien clairement en examinant de qu'elle façon la Raiſon
a couſtume d'agir au dedans de nous. Et comme vos Aduerſaires ſe preualent de quelques
actions des Beſtes qui reſſemblent à celles de no-

ſtre Raiſon, pour monſtrer que les Beſtes raiſonnent : ie me croyois auſſi bien fondé qu'eux
de monſtrer qu'elles ne ſe conduiſent pas par
raiſonnement en leur Inſtinct, puis que leur procedé eſt entierement contraire au noſtre. Noſtre
Raiſon eſt inquiete, incertaine & variable. Elle
ne ſçauroit ſe preſcrire vn ordre, vne Police ou
ſeulement vne façon de baſtir où elle ne vouluſt
incontinent auoir innoué quelque choſe, ny qui
ſoit abſolument au gré des ſiecles viuants. De
ſorte que puis que l'ordre qui paroiſt au monde
eſt tel, qu'apres y auoir bien penſé noſtre Eſprit
eſt contraint d'y acquieſcer : Il faut croire qu'il
eſt eſtably par vne ſageſſe plus grande que la noſ-
ſtre ; & qu'il y a vne Raiſon qui preſide au monde qui eſt plus haute que celle de tou les Hommes. De meſmes, puis que toutes les actions des
Abeilles ſont aſſeurées ; qu'elles paruiennent toutes ſans variation à vne meſme fin ; que pour les
faire reüſſir, elles n'ont pas beſoin de deliberation ny de conſeil : Concluons encore vne fois ce
que nous auons monſtré plus clairement ailleurs
que les Abeilles agiſſent ſans raiſonnement ; où
qu'elles l'ôt plus parfait que celuy de l'Homme.
Monſieur de la Chambre reſpond à cela que
c'eſt que la Raiſon humaine n'a pas d'images naturelles, ſtables & parfaictement expreſſiues des obiets :
Qu'elle n'a que des copies imparfaites & inconſtantes. A la verité il faut auoüer que les idées ſur
leſquelles Monſieur de la Chambre a trauaillé
en ce traitté ſont bien inconſtantes, & fort differentes de celles de ſes autres ouurages, car il n'a
peu trouuer aucun fondement à ſon opinion,

qu'en disant *que l'Homme a des Especes plus lumi-*
neuses, outre celles qui luy sont communes auec les
Bestes qui en ont peu & qui n'en ont que de fort con-
fuses : que ces cognoissances naturelles n'y sont que
commencées & esbauchées, estants accomplies dans
les choses qui sont plus parfaites. Maintenant il
dit tout le contraire; Et afin qu'il ne me replique
pas qu'il n'attribue de l'inconstance qu'aux Especes acquises de l'Homme, & non pas aux naturelles : il se peut souuenir qu'il a escrit en cet
endroit en termes equivalents, que la Raison
humaine n'a point d'images naturelles. Il adiouste qu'elle n'en a point de stables, qu'elle ne trauaille que sur des copies imparfaites & incon-
stantes. Ie ne comprens pas aussi comment celles des Bestes qui en la page 46 de ce traitté n'e-
stoient qu'esbauchées & confuses, sont deuenuës
en celle-cy parfaictement expressiues des objets.

Pour faire voir d'ailleurs la nullité de cette
responce : il ne faut qu'obseruer qu'elle suppose
diuerses choses que i'ay monstré n'estre pas sou-
stenables. Premierement que les Animaux ont
des images naturelles. Secondement qu'ils ont
cet auantage sur l'Homme que de les auoir plus
parfaictes. En troisiesme lieu, que lors que les
images sont stables & claires ; la Raison humaine ne se trompe point en l'application & en
la pratique : ce que i'ay refuté cy dessus en diuers endroits, & que ie veux d'abondant refuter icy par d'autres exemples. N'est il pas vray
qu'il ne feroit pas seur de commettre la fortifi-
cation d'vne Place, ou la conduite d'vn nauire

à vn Homme qui n'auroit rien fait toute ſa vie
qu'enſeigner les Matématiques, encore qu'il euſt
la teſte remplie de tout ce qui ſe peut ſçauoir de
cette ſcience? Si auec cela il n'a de l'experience,
il eſt, impoſſible qu'il reuſſiſſe. Quelques certaines & euidétes que ſoient ſes demonſtrations:
la pratique n'en peut eſtre que douteuſe, & incertaine. Il en ſeroit ainſi de la conduite de l'Inſtinct; ſi ſa direction deſpendoit de la Raiſon
des Beſtes. Il faudroit que chacune d'entr'elles
s'y exerceaſt par vn long vſage, & par ſes propres experiences deuant que d'y reuſſir. Vn Medecin qui n'aura iamais veu de malades, peut
ſçauoir plus de Medecine & mieux parler de ſa
pratique, qu'vn autre qui ſera bien experimenté.
L'vn d'entreux dira fort bien, ce qu'il ne ſçauroit faire que fort mal: & l'autre fera fort bien
ce qu'il ne peut exprimer que fort mal. Ne vous
imaginés donc pas que pour faire vn parfait ouurage: il ſuffiſe d'en auoir vne parfaicte idée en
l'Eſprit. Si cela ſuffiſoit, ie formerois auſſi bien
mes Charecteres que le meilleur Eſcriuain du
monde. Les idées que i'en ay ſont auſſi diſtin-
ctes & auſſi expreſſiues des objets: neantmoins
quand il les faut pratiquer, mes amis ſçauent
comme ie m'en acquite. Il n'y a Homme qui
ne conçoiue que d'vn point à vn autre, on peut
tirer vne ligne droite: cependant il y a bien peu
d'Hommes qui le puiſſent faire. Vne Mouche
à miel ne ſçait pas mieux que moy, de qu'elle
matiere ny de qu'elle forme elle fait ſes cellules.
Voudriez vous conclurre par là que ie le formerois auſſi bien qu'elle des la premiere fois que ie

le voudrois entreprendre. Il vaut bien mieux
conclure, que quand les Beſtes naiſtroient auec
vne memoire remplie de toutes les Eſpeces des
actions qu'elles font, & que ces images expri-
meroient parfaictement leur beſogne : il ſeroit
pourtant impoſſible qu'elles y peuſſent reuſſir
des la premiere fois, ny que la certitude de leurs
operations peuſt eſgaler ny imiter la certitude
de leurs cognoiſſances. Il faut donc qu'elles y
ſoient conduites par vn plus excellent Ouurier,
qu'elles n'en ſoient que les inſtruments, qui n'ont
pas beſoin de l'vſage ny de l'experience pour ſeruir parfaictement à ce à quoy les cauſes princi-
pales les veulent employer.

Pour concluſion Monſieur de la Chambre dit
63 *que l'incertitude & l'inegalité ne tombent pas ſur*
tous nos raiſonnemens, puis qu'il s'en trouue en tou-
tes les ſciences qui ſont tres-parfaits, tres cer-
tains, & tres-ſolides. Cependant Ariſtote qui
les entendoit fort bien, dit expreſſement qu'il
ne s'en rencontre pas en toutes ; & qu'il n'en faut
point chercher en la Morale. Ailleurs il accompagne ſes plus parfaits raiſonnemens d'vne
modeſtie, qui fait bien voir qu'il ne les croyoit
pas fort certains, & qu'il luy reſtoit touſiours
quelque doute. Cette euidence ne ſe trouue que
dans les ſciences, qui s'appuyent d'experiences,
& qui peuuent rendre leurs demonſtrations ſenſibles. Encore puiſſe dire auec verité, qu'il n'y
a point de raiſonnement humain, qui ne doiue
ſon euidence au temps. De quelque façon qu'il
frappe noſtre Eſprit, ſa conſequence ne nous
conuainc parfaictement, qu'apres vne longue
meditation

meditation, & l'approbation de ceux à qui nous
les communiquons. Les plus fortes demonſtrations de la Geometrie, ont paſſé quelque temps
pour des vrayſemblances dans l'Eſprit des premiers Inuenteurs de cette ſcience. Apres tout
ce n'eſt pas de l'euidence, ou de la certitude de
nos contemplations que nous conteſtons, c'eſt de
leur application & de leur pratique. C'eſt en cela
que nous diſons que noſtre Raiſon ne reuſſit iamais, ſans l'aide du temps & de l'experience:
d'où nous concluons que les Animaux qui agiſſent dés leur naiſſance, auec tant de certitude &
d'infaillibilité ; ſont conduits en leurs actions
par vne raiſon plus parfaicte que n'eſt la noſtre,
& que ne peut eſtre la leur.

Monſieur de la Chambre s'obiecte en troiſieſme lieu *qu'il faudroit que la Raiſon qui accompagne
l'Inſtinct des Beſtes fuſt plus parfaite que la noſtre,
qui eſt incertaine & trompeuſe.* Cette troiſieſme
obiection eſt au fonds la meſme que la prece-
dente : comme ſi noſtre opinion eſtoit ſi deſnuée
d'arguments, que pour en trouuer quatre il en
falluſt conter vn deux fois. Il reſpond *que la per-*   64
*fection de la Raiſon ne conſiſte pas en la certitude
des cognoiſſances ; mais en leur eſtenduë & multipli-
cité.* Et pource qu'il a iugé que ce Paradoxe
feroit mal receu de toutes les perſonnes intelligentes: il entreprend de le prouuer, & dit *que la
Raiſon ſe prend ou pour la Faculté de raiſonner, où
pour l'action : que ſi la Faculté a eſtée donnée pour
cognoiſtre les choſes, celle là doit eſtre plus parfaite
qui en cognoiſt d'auantage.* Ie reſpons que c'eſt
prouuer vne choſe par elle meſme & la redire

en autres termes. Ie confesserois pourtant bien
qu'vne faculté est plus parfaite lors qu'elle cognoist plus de choses, pourueu qu'elle les cognoi-
se aussi parfaictement. Ce que ie nie & qu'il
faut prouuer est qu'vne cognoissance imparfaite
& fort estenduë, est plus parfaite qu vne autre
qui est parfaite & moins estenduë. Il n'estoit pas
besoin de s'arretter à monstrer comme il a fait,
que l'Homme cognoit plus de choses que les
Bestes, puisque personne ne le veut contester,
seulement il nous faudra examiner cy-apres ce
qu'il dit icy de la cognoissance des vniuersalitez
& prouuer en suite qu'elle est la plus imparfaite
de toutes.

Il adiouste *que si par le mot de Raison on entend le raisonnement & le progres que l'Ame faict
d'vne Cognoissance à l'autre; plus le progres sera
grand & plus il sera parfaict.* C'est encore redire
vne mesme chose deux fois, & appeller icy vn
grand progres ce qu'il auoit appellé l'estenduë
des cognoissances. Mais ie luy veux accorder
qu'vn raisonnement dont le progres est plus
estendu est plus parfait, afin d'examiner ce qu'il
dit en suite, que le progres qui se fait d'vne chose
particuliere à vne vniuerselle, ou des vniuerselles aux particulieres est plus grand que celuy des
Bestes qui ne va iamais que d'vne chose particu-
culiere à vne particuliere. Ie suis trompé s'il ne
vouloit dire singuliere. D'ailleurs puis que la
Cognoissance d'vne chose qu'il appelle particuliere est vne Cognoissance distincte; & que celle
d'vne vniuerselle est fort confuse; Il s'ensuit que
le progres qui se fait du particulier à l'vniuer-

seI est plus imparfait que s'il se faisoit à vn autre
particulier : parce que toute Cognoissance claire
& distincte est plus parfaite que celle qui est confuse. En troisiesme lieu puis qu'il n'y a rien en
la chose vniuerselle qui ne soit aussi contenu en
la particuliere, le progres qui se fait du particulier à l'vniuersel n'est pas à proprement parler vn
progres, & ne peut pas auoir plus d'estenduë. Il
est d'ailleurs fort inutile; & il n'y à que celuy quï
se fait de l'vniuersel au particulier qui nous serue. Cependant il n'est encore point vray qu'il
soit plus estendu que celuy qui va du particulier
au particulier : Car soit que vous aioustiez vne
chose particuliere à vne autre de mesme nature,
ou à vne generale; c'est tousiours la mesme chose
que vous adioustés. Ie dis bien plus, c'est que ioi-
gnant vne chose particuliere à l'vniuerselle que
la contient ; vous n'y ioignez que des differences
indiuiduelles. Et il y a moins de distance entre
vne chose generale & vne particuliere contenuë
en icelle : qu'il n'y a entre deux particulieres quï
ne sont pas de mesme Espece.

Pour la fin il dit *que la certitude est accidentelle
au raisonnement, parce qu'vn argument topique en
contient aussi bien la nature & l'essence que peut
faire vne demonstration.* Ie luy diray tout de mesme, que l'estenduë est accidentelle au raisonnement, & que celuy qu'il attribue aux Bestes en
à l'essence & la nature aussi bien que celuy des
Hómes qui est plus estendu. Ce n'est pas de l'essence du raisonnement que nous disputons : c'est
de sa perfection, les raisonnements d'vn Enfant
de cinq ans sont de mesme Nature que les no-

ſtres, ils ne ſont pourtant pas ſi parfaits. Vne choſe n'eſt iamais parfaicte que lors qu'il ne luy manque rien pour reuſſir à ce pourquoy la Nature la deſtinée. Et vn Syllogiſme n'a iamais ſa perfection que lors qu'il a tout ce qu'il faut pour faire reuſſir la fin que noſtre Eſprit s'y propoſe. Or eſt-il que la fin de noſtre Eſprit en raiſonnant eſt de cognoiſtre le plus parfaictement qu'il pourra les choſes ſur leſquelles il raiſonne; ce qui ſe fait mieux par vn Syllogiſme demonſtratif que par vn topique. Apres cela, encore que la Nature du raiſonnement ſe rencontre en vn Argument topique, ie doute fort qu'elle y ſoit toute entiere, & il me ſemble que l'on pourroit monſtrer qu'elle ny eſt pas, en examinant la definition du raiſonnement, qui eſt de prouuer vne choſe par quelque autre; ce qui ne ſe peut faire qu'il n'y ait vne connexion neceſſaire & vne ſuite naturelle entre les deux. Or eſt-il que ceſte connexion n'eſtant qu'entre les cauſes immediates & leurs effets; Elle ne ſe rencontre à proprement parler, que dans les demonſtrations.

Ie ſuis deſplaiſant de m'arreſter ſi long temps ſur des eſpines de Logique; ſi faut-il pourtant que i'adiouſte que la perfection de la Cognoiſſance ne peut pas conſiſter en ſon eſtenduë; autrement il ſeroit impoſſible que ſur vne meſme choſe eſgalement limitée; vn Homme peut raiſonner plus parfaictement qu'vn autre; & que de deux Syllogiſmes qui ont meſme côcluſion l'vn peut contenir vn plus parfait raiſonnement que l'autre. Les grands parleurs qui forment d'ordinaire pluſieurs petits raiſonnements ſur vne affai

re faute d'en rencontrer vn bon & fatisfaifant;
feront eftimés raifonner mieux, que ceux qui
n'en font que de folides & d'effentiels. La Raifon qui reuffira plus parfaictement en fa fin ne fera pas eftimée la plus parfaicte. Le but de chaque raifonnement eft cependant de bien cognoiftre fon objet, & de retirer l'Ame du doute, pour
la faire paruenir à vne Cognoiffance affeurée.
Ie pourrois encore monftrer fi ie voulois, que
s'il eftoit vray que la Raifon des Beftes fuft plus
certaine, elle feroit auffi plus eftenduc, & que la
certitude des cognoiffances d'vne faculté eft infeparable de leur eftenduë. Il vaut mieux finir
vne difpute fi ennuyeufe ; apres auoir fait remarquer que nous ne parlons que du Iugement practique qu'on attribue aux Beftes ; que fa fin ne
peut eftre qu'vne operation conuenable à leur nature : Et qu'ainfi la perfection du raifonnement
fe doit eftimer par la perfection des ouurages
qu'elles font. De forte que puis que les premiers
effais des Abeilles font des chefs d'œuures en leur
genre : & que les Hommes ne paruiennent a la
perfection que par degrés, & qu'encore ils ne la
rencontrent iamais au gré des autres Hommes:
Il n'y a point de difficulté que les raifonne-
ments des Beftes ne foient plus parfaits que les no-
ftres, s'il eft vray qu'elles agiffent par Raifon.

*Que les Oyseaux batissent leur nid par
Instinct, & sans auoir cognoissance
de ce qu'ils font.*

CHAPITRE XI.

I les Oyseaux sçauoient pourquoy
ils font leurs nids, & l'vtilité qu'en
reçoiuent leurs œufs & leurs petits,
ils sçauroient que c'est pour conseruer leur chaleur & les garantir
du froid. Mais il nous est bien euident qu'ils ne
sçauent point cela : car ils en feroient pour eux
mesmes en Hyuer, afin de s'y coucher la nuict
& d'éuiter la rigueur du froid qui en tue si grande quantité. Ceux qui ont fait des nids au Printemps pour leur couuée, les retrouueroient aussi
bien durant les saisons rigoureuses, qu'ils les retrouuent puis apres pour y pondre de nouueaux
œufs : de sorte que puis qu'ils ne le font point,
il est certain que d'eux mesmes ils ne le sçauroient faire ; & qu'is agissent en cela sans connoissance & sans Raison.

66   Monsieur de la Chambre respond *que cette objection est vaine, parce que les cognoissances de l'Instinct sont bornées aux Images de la Nature. Que
la cognoissance qu'ils ont de l'vtilité de leur nid est*

limitée à la conseruation de leurs petits, & restrainte à cet vsage : que comme leurs images, ne representent les choses que dans l'ordre ou elles sont ; elle
ne permettent pas que l'Ame s'escarte ailleurs , ny
qu'elle s'applique à d'autres cognoissances, qu'à celles
qu'elles luy marquent. Mais puisque cette response n'est fondée que sur les images de la Nature que i'ay tant de fois refutées, elle ne peut
rien auoir de solide , ny qui merite que ie m'y
arreste. Secondement cette response contredit
formellement ce qu'il a escrit auparauant de la
Nature de ces images, voulant *que les Bestes y* 52
adioustent de nouuelles cognoissances , qu'elles n'ex-
priment pas tout ce qui se fait dans les actions de 53
l'Instinct : que par rencontre les Bestes y trouuent
des commodités dont elles conseruent la memoire & le
desir , & que la Raison s'employe à leur faire posseder.
Il dit ailleurs qu'elles ne sont point necessitées d'a- 56
gir suiuant ce que leurs prescriuent ces images : que
leur Raison s'en sert pour en tirer des consequences 59
pour l'aduenir.

En troisiesme lieu cette response m'accorde
tout ce que ie demande, qui est que les Bestes ne
raisonnent point : Car si les images qu'elles ont
de la Nature sont tellement limitées ; que leur
Ame ne se puisse escarter ailleurs ny s'appliquer
à d'autres cognoissances ; n'est-il pas vray que
leur Ame ne fait point de progres d'vne cognoissance à l'autre, & qu'ainsi elle ne raisonne point,
puisque c'est par la que luy mesme a definy le
raisonnement ? De sorte qu'il faut que mon Argument soit bien fort puis que Monsieur de la
Chambre voulant deffendre la Raison des Be-

stes , se voit contraint de dire qu'elles ne raisonnent pas , & de faire beaucoup d'autres contra-
diĉtions.

66
67
Il ne laisse pas d'adjouster *que c'est vne estran-*
ge façon de raisonner de dire , que les Oyseaux ne
sçauent pas pourquoy il font leurs nids , parce qu'ils
n'en sçauent toutes les commoditez : que c'est comme
si on disoit qu'vn Architecte ne sçait pas pourquoy il
se sert du compas & de la regle , parce dit-il qu'il
ignore les autres vsages , ou l'on peut employer ces
instruments ; que c'est asses qu'ils cognoissent la fin
principale à laquelle ils destinent leur nid. Ie res-
ponds que veritablement pour cognoistre vn
des vsages de quelque chose, il ne les faut pas
cognoistre tous, & que ie ne l'ay iamais escrit.
Mais i'ay escrit que si vn Oyseau sçauoit la fin
principale pour laquelle il bastit son nid : il sçauroit qu'il prepare vn remede contre le froid.
S'il sçait donc que le nid sert contre le froid , &
qu'il cognoisse que c'est pour cette fin qu'il bastit , il s'en feroit vn pour luy mesme lors qu'il
auroit froid. Ne dites point qu'il n'en cognoist
que la fin principale, car soit qu'il en fasse
pour soy ou pour ses œufs, c'est tousiours vne
mesme fin , il n'y a que l'application qui en est
differente , comme enseignent les Logiciens. Vn
Medecin qui ordonne la seignée à vn autre pour
le guerir de la fievre , ne peut pas qu'il ne cognoisse en auoir luy mesme besoin se sentant le
mesme mal. Il peut bien ignorer quelques vns
des vsages de la seignée : mais non pas qu'elle
serue contre la fievre , puis qu'il est accoustumé
de s'en seruir pour cet vsage. Si vn Architecte

qui a bafty vne maifon pour d'autres , & qui y
obferue toutes les precautions contre les iniures
de l'air, ne fçauoit pas s'en feruir pour luy mefme , ny s'y mettre à couuert durant le froid;
il faudroit dire que defpuis qu'il a bafty cette
maifon il a perdu toute cognoiffance , ou bien
qu'il n'en a iamais eu , & qu'il fe laiffoit conduire au iugement d'vn autre: Pour faire voir d'a-
bondant combien peu à propos Monfieur de la
Chambre s'eft feruy de cet exemple ; c'eft qu'vn
Architecte qui cognoift pourquoy il fe fert du
compas , n'ignore aucun des vfages ou l'on peut
employer cet inftrument , pource qu'en effet on
ne l'employe que pour mefurer. L'application
differente qui s'en fait fur diuers obiets , eft vne
chofe purement accidentelle à l'vfage de cet inftrument, & vn Architecte s'en feruira auffi bien
pour prendre la mefure d'vn coffre , de la taille
d'vn Homme & de l'ombre d'vn clocher que
pour mefurer vne feneftre.

Ie m'eftonne que Monfieur de la Chambre ait
efcrit en fuite *que perfonne n'a douté que les Beftes
ne cognuffent la fin principale pour laquelle elles agiffent : que ceux mefmes qui leur ont ofté la Raifon
auouënt qu'elles ont vne cognoiffance de leur fin.* Comme s'il ne fçauoit pas que de fçauants Philofo-
phes leur ont ofté toute cognoiffance, iufques au
fentiment des organes exterieurs ; Ie ne fuis pas
de cette opinion : mais de celle d'Ariftote & de
tous ceux qui l'ont fuiui , qui veulent que les
Beftes n'ayent quelquesfois pas plus de cognoiffance de la fin où l'Inftinct les conduit , que ma
plume en a de cette Efcriture : qu'en d'autres

occaſions elles voyent & cognoiſſent la choſe
qui eſt leur fin : Mais elles ne la cognoiſſent pas
comme fin , ny comme cauſe des moyens qu'ils
employent pour l'obtenir , comme ie prouueraí
encore ailleurs. Monſieur de la Chambre auoit
touſiours eſté dans le meſme ſentiment , & ſans
parler de ſes autres ouurages Il a eſcrit en la page
319 du dernier, que l'Inſtinct porte les Beſtes à
leur fin ſans qu'elles pretendent d'y arriuer.
Mais icy il en parle autrement & dit que puis
que le bien & la fin eſt vne meſme choſe ; Elles
ne peuuent cognoiſtre ce qui leur eſt bon ſans
cognoiſtre leur fin. Les Philoſophes ont reſ-
pondu mille fois à cette Raiſon,& ont dit qu'elles
cognoiſſent ce qui leur eſt bon,& vtile, ſans ſçauoir qu'il leur ſoit vtile. Les deux exemples
qu'il apporte icy ne prouuent rien autre choſe.
I'examineray le premier cy apres,encor qu'il n'y
ait aucune difficulté. Car nous ne doutons pas
que le Chien ne cognoiſſe ſa proie lors qu'il la
void : Mais nous n'ions qu'il faſſe aucune reflection ſur cette premiere cognoiſſance , ny qu'il
ſçache que les moyens qu'il employe , ſont des
moyens pour arriuer à ſa fin : Et il ne ſuffit pas
de dire que l'on n'en ſçauroit douter ; il le faut
prouuer , & reſpondre aux Raiſons qui nous
perſuadent le contraire.

Son autre exemple eſt des Linottes qui attirent leur eau lors qu'elle eſt ſuſpenduë en quelque vaiſſeau ; & qui arreſtent auec le pié , ce
qu'elles ont fait monter , pendant qu'elles leuent
le reſte auec le bec, de la il infere, *qu'elles ſçauent
l'ordre des moyens, & puis qu'elles ont de la Raiſon;*

Elles mettent les choſes en ordre, les comparent en-
ſemble & les deſtinent à tel vſage qui leur plaiſt.
Mais puis qu'il nous donne cela pour vn exemple de l'Inſtinct, nous ne deuons pas nous mettre en peine de l'expliquer : ny de reſpondre aux
conſequences qu'il tire de la Raiſon qu'il attribuë aux Beſtes, iuſques à ce qu'il l'ait bien eſta-
blye, auſſi bien que la liberté qu'il luy donne,
de deſtiner les choſes à tel vſage qu'il luy plaiſt. Que
s'il veut que nous rapportions cet exemple à
l'imagination des Linottes ſans y intereſſer l'Inſtinct: Il luy ſera facile de voir dans les Chapitres ſuiuants des explications de ſes autres exemples, qu'il appliquera facilement à celuy-çy. Il
verra que ſoit que cette action ſe faſſe par habitude ou par Inſtinct elle ſe peut faire ſans raiſonner. Il pourra apprendre d'ailleurs que les
hommes qui tirét de l'eau d'vn puis, ou qui guin-
dent quelque autre choſe auec vne corde ; arreſtent d'vne main ce qu'ils ont fait monter, & attirent de l'autre ce qui leur reſte à enleuer, ſans y
employer le raiſonnement. L'appetit ſenſitif ſçait
attirer & retenir ſon obiect ſans faire de ſyllogiſ-
mes. Mais ce n'eſt pas icy le lieu de traitter ces
matieres. Il me ſuffit d'y auoir montré que les
Oyſeaux font leurs nids ſans ſçauoir ce qu'ils
font & ſans raiſonner. En effect il ne peuuent
faire aucun raiſonnement qu'il n'y mettent cette
propoſition, que la plume qu'ils employent eſt
bonne contre le froid. Or eſt il qu'il ne peuuent cognoiſtre cela, ſur tout d'vne cognoiſſance pratique ſans l'employer pour eux meſmes.
Ne me dites plus, *que cette cognoiſſance eſt l'imi-*

*tée aux images de la Nature & à la conseruation
de leurs petits.* Cela contrarie ce que vous auez
escrit cy dessus ; *que leur Raison forme aussi bien
& mieux vn discours, en y employans cette sorte d'i-
mages, que si elle tiroit ses conclusions des Especes qui
sont acquises.* Nous sçauons aussi par experience que des idées que nous auons de la Nature,
nous en formons des consequences à l'infiny , &
en faisons l'application à toute sorte de sujets.
Apres tout , & sans plus parler des images naturelles : N'est-il pas vray qu'vn Oyseau qui a
vne fois conué , doit sçauoir par experience
que la plume garentist du froid , & cognoistre
selon vos maximes que c'est vn moyen pour s'en
mettre à couuert ? Ainsi l'Espece du froid &
celle de la plume, s'attachent ensemble, & s'en-
chainent auec l'image de l'artifice qu'il a desia
pratiqué. D'ou vient donc que cette derniere
image n'est pas excitée par les autres ; & que sa
Raison ne force pas l'appetit de s'y appliquer?
Il est donc bien plus vraysemblable que puis
qu'elle ne profite point de cette experience
qu'il ne la comprend point ; & qu'ils n'y apporte point d'attention , ny de cognoissance,
& qu'il ne luy en reste rien en la memoire.

Que noſtre opinion de l'Inſtinct ne releue point les Beſtes au deſſus de l'Homme.

CHAPITRE XII.

L'n'y a point d'apparence, dit Monſieur de la Chambre, *que Dieu ait abandonné l'homme qui eſt le chef d'œuure de ſes mains à la foibleſſe de ſon raiſonnement pour aſſiſter les Beſtes d'vn ſi noble & ſi puiſſant ſecours.* D'autres eſtendent d'auantage cette obiection, & diſent que ſi les Beſtes agiſſent par Inſtinct, elles ſont plus excellentes que nous, d'autant qu'il eſt plus noble & reſemblant à la diuinité d'agir par Nature que par Raiſon, d'eſtre conduit par la prouidence de Dieu, que d'eſtre abandonné à vne Faculté incertaine & inconſtante, comme eſt noſtre Raiſon. Il faut ſatisfaire les vns & les autres, apres auoir admiré le raiſonnement de ceux qui diſent que les Beſtes agiroyent à la façon de Dieu, ſi elles n'auoient pas toute la perfection qu'il faut pour paruenir à leur fin ; & ſi elles deuoient comme nous diſons toute la conduite de leurs actions, à vne plus grande ſageſſe que la leur. Les autres n'ont pas mieux rencontré lors qu'ils diſent que les Beſtes ſeroient plus excel-

lentes que l'Homme ſi elles agiſſoient par Inſ
ſtinct. Car puis que nous ſouſtenons que Dieu
n'abandonne point tellement les Hommes à la
foibleſſe de leur Raiſon qui ne les aſſiſte bien
ſouuent de ſon Inſtinct : les Beſtes n'ont en cela
aucun auantage ſur nous. I'auoüe pourtant bien
que les Beſtes ſont plus puiſſamment aſſiſtées de
ce ſecours,& qu'elles font par la des choſes, que
nous ne faiſons que par Raiſon. Mais de la il
ne faut pas inferer qu'elles ſont plus excellentes.
Il faut pluſtoſt dire que c'eſt vn ſigne de leur
imperfection. Car puis que l'Inſtinct eſt vne
aide que Dieu ne fourniſt aux cauſes ſecondes
que pour ſuppléer à leurs defauts: Il eſt certain
que celles qui ſont naturellement plus defectueu-
ſes ont d'auantage beſoin de ce ſupplément. I'ay
prouué que les Enfants retiroient plus d'aſſiſtance de l'Inſtinct deuant & peu de temps apres
leur naiſſance,que lors qu'ils eſtoient paruenus à
vn âge plus parfait. Cela fait bien voir que
l'Inſtinct eſt vne marque aſſeurée d'imperfection,
& que c'eſt tres-mal raiſonner de vouloir prouuer
l'exellence de quelque agent naturel , & l'auantage des Beſtes au deſſus de l'Homme , en ap-
portant pour preuue de cette exellence ce quî
eſt vne demonſtration tres-forte de leurs defauts.

Mais diſent nos Aduerſaires n'eſt-il pas plus
noble d'agir par Nature que par Raiſon. Ie reſpons que l'on ne doit pas oppoſer en l'Homme
la Nature & la Raiſon , parce que c'eſt vne meſme choſe. La Raiſon nous eſt tellement naturelle que c'eſt elle qui conſtituë noſtre Nature;
au lieu que l'Inſtinct n'eſt ny la Nature d'vn Ani-

mal ny vne de ſes Facultez naturelles. Et encore que i'aye eſcrit cy deſſus qu'en certain ſens
l'Inſtinct eſt Naturel, ſi eſt ce qu'a le comparer
à noſtre Raiſon & à proprement parler il ne le
peut pas eſtre. De ſorte que s'il eſt plus noble
d'agir par Nature que tout autrement ; concluons hardiment, qu'il eſt plus honorable d'agir
par Raiſon que par Inſtinct , puis que l'Homme agiſt par ſa vraye Nature lors qu'il agiſt par
Raiſon.

Ainſi toute la force de l'objection de nos Aduerſaires ne peut conſiſter qu'en ce qu'ils adiou-
ſtent, qu'il eſt plus aduantageux d'eſtre conduit
par la prouidence de Dieu , que d'eſtre abandonné, à la foibleſſe d'vne faculté inconſtante
comme eſt noſtre Raiſon. Ie reſpons à cela
qu'vne cauſe eſt plus parfaicte, lors qu'elle ne
doit la conduite de ſes actiõs qu'à elle meſme, &
à vne de ſes facultez pour inconſtante qu'elle ſoit
que ſi elle la deuoit à l'Inſtinct. Ma raiſon eſt
que cette faculté inconſtante ne laiſſe pas d'eſtre
pour cela vne perfection naturelle & d'adiouſter
à l'Agent où elle ſe trouue vn degré d'eſtre & de
perfection naturelle, qui ne s'y rencontreroit pas
ſi cette faculté n'y eſtoit. Mais vne aide exterieure comme eſt celle de l'Inſtinct ne contribue
rien à la perfection d'vne cauſe ſeconde , encore qu'elle perfectionne ſon action. Ainſi nous
auoüons bien que les Beſtes font des actions ſi
parfaictes par leur Inſtinct, que nous n'en ſçau-
rions imiter l'excellence par noſtre Raiſon. Mais
puis que cette excellence ne vient pas des Beſtes,
& qu'elle ne vient que d'vn ſecours eſtranger où

leur Nature n'a point de part, nous en inferons qu'elles font plus imparfaictes que nous, qui ne deuons ce qu'il y a de fageffe en les plus releuées de nos actions naturelles qu'à nous mefmes, & à noftre Raifon.

Cette doctrine fera encore plus claire, apres que ie l'auray expliquée par diuers exemples. Le premier fera des Cieux qui ne font meus que par Inftinct à ce que dit l'opinion commune, & ne reçoiuent de branle que par les Intelligences. Ce mouuement eft fi certain, fi conftant, & fi reglé que toutes les actions des Hommes n'approchent point de cette certitude. Cependant pour parfait que foit ce mouuement, perfonne que ie fçache ne s'eft auifé d'en conclure que les Cieux font plus exellents que nous: que ce leur eft vn auantage de n'auoir pas la Faculté de fe remuer, & qu'il leur eft plus noble d'eftre fecourus & affiftez de leur Inftinct que d'eftre raifonnables comme font les hommes.

Vn Horloge bien ajufté & bien gouuerné par vn habile Horlogeur; marque mieux & plus feurement les heures qu'vn Homme ne fçauroit faire. Nous iugeons bien à plus pres en regardant le Soleil quel heure il eft, & le coniecturons encor par beaucoup d'autres moyens. Neantmoins nous en fommes plus affeurez lors que nous entendons vn Horloge. Ainfi leur mouuement eft plus feur que celuy de noftre Raifon. Neantmoins nous ne dirons iamais qu'vn Horloge foit plus excellent qu'vne Befte qui ne remarque point les heures, ny qu'il foit plus parfait qu'vn Homme qui ne les remarque pas fi certai-

nement

nement. La Raison de cela est , que l'Homme
agist de luy mesme & qu'il se sert de ses Facultez,
& se laisse conduire à sa cognoissance. De sorte
que les coniectures pour incertaines qu'elles
soyent, marquent plus de perfection que ne fait
pas dans vne machine toute la certitude de ses
mouuements , pour ce que cette certitude ne
despend point de la cognoissance de l'Horloge
qui sonne les heures sans sçauoir ce qu'il fait.
De mesme dans les actions de l'Instinct les Bestes
ne sçauent ce qu'elles font : Si elles paruiennent
à leur fin , & quelles y employent les moyens
conuenables ; c'est mal à propos qu'on leur en
attribuë la gloire. Supposons qu'vn Pere ait
deux Enfants dont l'vn soit aueugle & l'autre
clair voyant. Sans doute qu'il prendra plus de
soin de l'aueugle , & qu'il le menera par la main
ou il voudra aller. L'autre qui se sert de ses
propres yeux pour se conduire , court risque de
s'esgarer & de broncher plustost que son frere,
qui ne voit pas. Voudriez vous inferer de la
que l'aueugle est le plus parfait , & que cette façon d'estre conduit est plus excellente que cette
autre façon de marcher qui est suiette aux esga-
rements & aux cheutes ? Il ny a point d'apparence, parce que cette conduite asseurée de l'a-
ueugle ne doit estre imputée qu'a son Pere , qui
ne prendroit pas ce soin là de luy , s'il n'estoit
plus defectueux que son frere. Il est aysé de faire
l'application & de ne trouuer plus estrange, pourquoy Dieu abandonne les Hommes à leur Raison
& pourquoy il assiste les Bestes d'vn si puissant
secours. C'est qu'elles ressemblent à cet En-

G

fant aueugle qui ne connoiſſant point le lieu où
doit aller, ny le chemin qu'il faut tenir ; ſa conduite luy doit eſtre ſupplée d'ailleurs , ce qui
eſt comme i'ay beaucoup dit de fois vne marque
d'imperfection.

Si l'Inſtinct eſt compatible auec la Raiſon.

CHAPITRE XIII.

E n'eux iamais en la penſée de
nier que l'Inſtinct fuſt compatible
auec la Raiſon. I'ay prouué tout
le contraire, en montrant que tous
les Hommes auoyent beſoin de cette aſſiſtance. Il eſt pourtant vray
qu'apres auoir eſtabli mon opinion de l'Inſtinct
contre Charron; i'en tiray quelques conſequences
pour monſtrer que les Beſtes ne raiſonnent
point. La Premiere fut, que puiſque les actions
les plus merueilleuſes des Beſtes ſe peuuent expliquer par l'Inſtinct ſans leur attribuer de Raiſon : ce nous eſt vn grand preiugé qu'elles ne
raiſonnent point dans le reſte de leurs actions.
La Seconde eſtoit que comme les Enfants ſont
plus puiſſamment ſecourus de l'Inſtinct que les
Hommes faits, à cauſe que noſtre Raiſon nous
rend cette aſſiſtance moins neceſſaire. De meſ-

me si nous remarquons aux Bestes des effects de
l'Instinct plus grands & plus illustres que ceux
qui se voyent aux Enfants , ce nous est vn signe
asseuré qu'elles en ont plus de besoin que les Enfants, qu'elles ont moins de Raison qu'eux , &
qu'elles ne raisonnent point du tout.   Ma Troisiesme consequence supposoit ce qui est accordé
de tout le monde: que l'Instinct n'estoit que pour
suppléer le defaut des Facultez naturelles , qu'il
ne faisoit point dans les Bestes , ce qui pouuoit
estre fait par leurs Facultez , & sans ayde de cet
Instinct.   De sorte que s'il est constant que les
Bestes fassent par Instinct ce qu'elles pourroient
faire sans Instinct si elles raisonnoient: c'est vne
preuue euidente qu'elles ne raisonnent point.   Or
est-il que nous auons monstré cy dessus que les
Bestes faisoient diuerses choses seulement par
Instinct qui se pourroient faire par le moindre
raisonnement.   D'ou i'ay prouué plus exactement contre Charron que les Bestes ne raisonnoient point.   Monsieur de la Chambre ne s'est
pas mis en peine de respondre à cela.   Mais il y
oppose cinq Raisons qu'il desduit auec grand ap-
parat.   Ie les mettray icy par abregé sans rien
retrancher de leur force.   Ie ne les affoibliray
qu'en y respondant.   Ie pouuois pourtant bien
me dispenser de les apporter, pource qu'elles ne
se fondent que sur des choses contestées & qu'il
ne nous fera iamais auouër.   La premiere & la
seconde supposent que l'instruction des Bestes
est vne marque de leur Raison.   La troisiesme
que l'Instinct est vn mouuement de l'Appetit. La
quatriesme qu'il vient des images de la Nature,

La derniere pofe pour fondement que les Beftes
ont de la Raifon. Apres cela fe faut-il eftonner
de la facilité qu'il trouue à former fa conclu-
fion , puis qu'il en fait luy mefme les principes
tels qu'il luy plaift.

Premiere Raifon de Monfieur de la Chambre.

152

IL dit que , *Les Beftes adiouftent par couftume de*
nouuelles cognoiſſances à celles de la Nature. Il
prouue ce qu'il auoit dit de la couftume par
l'exemple des Chiens & des Oyfeaux que l'on
dreffe pour la chaffe , des Lieures & des Cerfs
qui deuiennent plus rufez par l'âge , des Roffi-
gnols qui chantent mieux apres auoir efté in-
ftruits , *d'ou il infere que le difcours fe mefle auec*
l'inftinct, puis que l'inftruction s'y rencontre , qui
fuppofe toufiours la Raifon , comme il dit *l'auoir*
monftré ailleurs. Ie refpons que l'opinion commune n'auoüe point de connoiffance naturelle
dans les Beftes. Elles ne fçauent rien que par
experience & par coutume. Ainfi nous accordons plus de ce cofté là que noftre Aduerfaire ne
demande. Mais nous n'accordons pas que pour
eftre inftruit , & acquerir des connoiffances
il faille eftre raifonnable : & fçauons bien que
Monfieur de la Chambrene le prouuera iamais.
Apres cela, les exemples qu'il apporte ne font
pas à propos pour fon deffein. Le chant des
Oyfeaux n'eft point vn Inftinct , ny l'inclination
qu'ont les Chiens à courir apres leur neurriture

ny les rufes des Lieures & des Cerfs. Il la luy **38**
mefme recognu cy deuant & a dit que ce n'eft
point vn Inftinct quand vn Animal cherche à
manger, ou qu'il fuit celuy qui le frappe. C'eft
pourtant vn Inftinct à vn Lieure de connoiftre
les Chiens fans en auoir veu　& d'en fuir pluftoft
que des Cheuaux.　Mais cela ne s'accroift point
par l'âge.　Il deuoit prouuer que les Fourmis &
les Abeilles qui font vieilles, font plus preuoian-
tes que les ieunes, & que les Hommes fçauent
mieux tetter que les Enfants : Et apres cela
prouuer autrement qu'il n'a pas fait que l'inftruction fuppofe toufiours la Raifon.

Seconde Raifon.

Il fuppofe qu'il y a des circonftances dans les **53**
actions de l'Inftinct qui ne font point exprimées dans
les images naturelles. Que les Hirondelles & les
Abeilles n'en ont point pour les lieux particuliers ou
elles trauaillent : que les autres Animaux ne peuuent
pas auoir de connoiffance determinée des chofes con-
tingentes & fortuites , ou ils trouuent des commo-
ditez ou des obftacles. Que neantmoins ils con-
feruent la memoire de ces rencontres , qu'ils y retour-
nent ou qu'ils les euitent. Ie refpons que ce difcours n'eftant fondé que fur les images connaturelles, ne peut qu'eftre malheureufement efta-
bly, & que quand fon fondement feroit veritable,
il prouueroit tout au plus que les Beftes ont
de la memoire ; ce que nous accordons à la
plufpart. Ie ne croy pas que les Moufches en

ayent,& n'ay iamais remarqué qu'elles euitaffent
les lieux ou elles ont reçeu quelque dommage.
Vous les chafferez cent fois de quelque endroit
qu'elles n'y retourneront pas moins auidement
pour cela.   Que fi les Abeilles retrouuent leur
ruche,c'eft vn effect de l'Inftinct ou pluftoft de
leur odorat qu'elles ont exellent; cela vient d'vne
odeur familiere qui attire bien d'autres Animaux de plus loin. Pour ce qui concerne les Beftes qui ont de la memoire, i'auoüé bien qu'elles
ny ont point d'images naturelles des chofes contingentes, & ne croy pas qu'elles en ayent d'aucune forte: Elles n'ont que celles qui font acquifes
par les fens,qui meuuent l'imagination, comme
feroit l'efpece d'vn obiect prefent fans faire de
raifonnement. Mais dit Monfieur de la Chambre, *le fouuenir excite en elles le defir & l'efperance*
de poffeder le mefme bien , & la crainte du mefme
danger. Pour cela il faut conferer les chofes paffées
auec celles qui font à venir; & qu'elles ayent la
mefme neceffité de raifonner qu'elles ont lors qu'on
les inftruit. Ie refpons qu'en toutes ces occa-
fions il y a de vray vne efgale neceffité de raifonner & de conferer des chofes paffées auec
les futures. Mais il faloit auant tirer cette con-
fequence en eftablir bien le principe. Ie ne
croy pas non plus que les Beftes foyent capables d'Efperance. Et doute fort de ce que ie
veux accorder maintenant que ce foit parler
proprement que de dire qu'elles defirent & qu'elles craignent. Ie fçay bien qu'vne Efpece agreable attire leur Imagination & leur Appetit, &
qu'vn obiet defagreable les chaffe : cecy n'eft

pas l'endroit ou ces mouuements ſe doiuent expliquer. Il me ſuffit de dire que les Beſtes ne
connoiſſent point l'auenir, qu'elles ne le confe-
rent point auec le paſſé : que toutes ces choſes
n'agiſſent en leur Imagination que ſous l'idée
d'vn obiet preſent, & que Monſieur de la Chambre ne prouuera iamais le contraire.

Troiſieſme Raiſon.

Il veut *que tous les mouuements de l'appetit ſoient* 54
*precedeɀ par deux propoſitions dont l'vne fait con-
noiſtre que la choſe eſt bonne, & l'autre qu'on la peut
faire: Et que l'operation ſoit la concluſion qui termine ces eux propoſitions.* Il dit pourtant, *que deuant l'operation il faut que l'imagination concluë
qu'il faut faire telle choſe.* Que puis que ces propoſitions ne ſe font pas en meſme temps, que l'vne tire
ſon euidence de l'autre; elles ne ſe peuuent lier ſans
raiſonnement. Mais Monſieur de la Chambre
a t'-il bien creu que nous luy accorderions que
les actions de l'Inſtinct s'ont des mouuements
de l'appetit ; ſans qu'il fuſt beſoin de le prouuer?
Nous croit-il ſi peu intelligents en ces matieres,
& ſi faciles à perſuader, que de nous rendre aux
preuues, qu'il a fait ſemblant d'alleguer ailleurs
pour monſtrer que l'imagination fait des affirmations? Ie veux neantmoins luy accorder par
complaiſance, afin de faire voir que l'appetit n'a
que faire des propoſitions & des raiſonnements
de cette autre Faculté. Et que ſi elle raiſonne
en autre choſe ce n'eſt point en cette occaſion.

Il fuffit à l'appetit que l'obiet foit cognu par la premiere operation de l'efprit. Et lors qu'vn affamé voit du pain fon appetit s'y porte fans raifonnement. A chaque fois que nous portons la main au plat ; noftre Imagination ne fait point le raifonnement de Monfieur de la Chambre. *Cela eft bon, ie le puis prendre. Il faut donc que ie le prenne.* Ce qui me furprend le plus c'eft ce qu'il fe perfuade que ces trois propofitions font vn raifonnement. Et moy-ie deffie tous les Logiciens d'en faire vn Syllogifme raifonnable. Si vous dites, cela eft bon, cela eft poffible. Tout ce que vous pouués en inferer eft la mefme chofe qui eft dans les premiffes, donc cela eft bon & poffible. Pour en conclure l'operation; Il y euft falu mettre vne propofition vniuerfelle qui euft affirmé qu'il faut faire tout ce qui eft bon & poffible. Il euft falu ranger apres les deux propofitions de Monfieur de la Chambre en vne, & dire : Or eft il que cela eft bon & faifable, donc il le faut faire. Il faudroit en fuite faire vn autre Syllogifme qui feroit. *Tout ce qu'il faut manger il le faut porter à la bouche. Or eft-il &c.* Par apres il nous faudra faire vn troifiefme raifonnement qui fera. *Tout ce que ie porte à la bouche il le faut macher. Or eft-il &c.* Apres: *Toutes les fois que ie mafche il faut remuer tels Mufcles. Or eft-il &c.* En fuite, il faudra dire. *Toutes les fois que nous voulons remuer les Mufcles il faut y ennoyer des Efprits. Or eft-il que nous voulons &c.* Ainfi à chaque coup de dent & à chaque mouuement de l'appetit, il faudra faire] quantité de Syllogifmes &

des propofitions vniuerſelles dont l'Imagination n'eſt point capable. A chaque charactere que ie forme auec la plume ou que ie prononce de grande viteſſe ; il faudra que mon Imagination forme nombre de raiſonnements, deuant que mon appetit ſe remuë pour l'exprimer en l'vne ou l'autre façon. Cependant cela eſt ſi contraire à l'experience, & ſi eſlogné de toute apparence de verité que ie ſuis honteux de m'y arreſter. Pour confirmation de ce que Monſieur de la Chambre auoit dit : Il apporte l'exemple *des Chiens & des Oyſeaux qui quelquefois ne pourſui-uent par leur proie, parce qu'ils la iugent trop eſlognée: ou qu'ils en ſembloit douter ; la concluſion manquant à leur Syllogiſme par le defaut d'vne des propoſi-tions.* Surquoy ie dis que ſi leur doute n'eſt qu'en apparence , on a grand tort de s'en preualoir contre nous: que s'il eſt veritable il s'enſuit que les Beſtes deliberent ; ce que noſtre Aduerſaire nie conſtamment par tout ailleurs. Secondement ie reſpons que les Chiens laiſſent ſouuent de pourſuiure leur proie encore qu'elle ne ſoit point hors de priſe, pource que leur Imagination eſt diuertie. Au contraire lors que ny obiet externe, ny aucune des idées de la memoire ne les diuertiſſent, ils ne laiſſent pas de pourſuire , ce qui eſt trop eſloigné pour eſtre pris. Que s'ils s'arreſtent c'eſt ou bien par l'aſſitude ou pour auoir l'Imagination deſtournée par vne des Eſpeces de la memoire. Et plus ſouuent encore pource qu'vn obiet eſloigné n'attire du tout point les puiſſances & Facultez de leur ame: ou les attire ſi foiblement que le moindre obſtacle eſt capable de les retenir. Si l'Aymant n'attire point le fer qui eſt trop eſloigné, nous n'en concluons pas qu'il iuge que la diſtance rend ſon action impoſſible. Tous les obiets de la connoiſſance n'agiſſent ſur l'appetit que par vne vertu Aymantine laquelle le touche bien plus de pres que de loin, & ne produit ſon effet que dans vne certaine diſtance comme ie l'expliqueray autre part.

Quatrieſme Raiſon.

55   *Il dit qu'encore que l'ame des Beſtes connoiſſe en meſme temps toutes les images naturelles qui ſont enchainées enſemble ; Elle ne s'y applique pourtant pas en meſme temps : ne trauaillant point à la ſeconde qu'elle n'ait acheué la premiere. Que l'Hirondelle fait ſon nid deuant pondre ſes œufs, qu'elle employe vn long temps à la premiere image ſans trauailler cependant à la ſeconde qui eſt eſgalement preſente. Qu'il faut qu'elle iuge qu'il luy ſeroit inutile de pondre ſi elle n'auoit vn nid pour conſeruer ſes œufs. Que meſme elle n'eſt pas neceſſitée d'agir ſelon l'ordre que les images ont entr'elles ; puis que beaucoup d'Hirondelles ſe ſeruent des nids qu'elles trouuent faits. Que les Fourmis & les Mouſches à miel ne font point ce qu'elles trouuent fait par d'autres : que quoy qu'elles ſoient auſſi ſçauantes les vnes que les autres, elles diſtribuent leurs emplois. Qu'il faut qu'elles connoiſſent ce qu'elles font, comme des moyens qui les conduiſent à leur fin, & que pour faire vne choſe, il faut qu'vne autre ſe faſſe aupa-*

rauant, & qu'il ne faut pas faire ce qui eſt deſia fait.
Monſieur de la Chambre a deſduit ces choſes
plus au long, & n'a rien oublié que d'en prouuer le fondement, ſe perſuadant que l'exemple
des Anges ſuffiſt pour nous faire auouër que
tout ce qui agiſt auec connoiſſance a des images
naturelles. Nous le nions abſolument, & demandons que l'on les eſtabliſſe bien, deuant que
receuoir nos Aduerſaires a en tirer aucune conſequence. Monſieur de la Chambre fait bien pis,
car il ruine par ce raiſonnement la neceſſité des
Eſpeces connaturelles, en attribuant aux Beſtes
vne Raiſon qui n'en eſt pas neceſſitée d'agir, par
conſequent qui eſt indeterminée & libre de la liberté que l'on appelle de contradiction. Il ruine
encore ce qu'il a dit ailleurs ; que comme ces
Eſpeces ne repreſentent les choſes que dans
l'ordre ou elles ſont ; Elles ne permettent pas
que l'ame s'en eſcarte, ny qu'elle s'applique à
d'autres. Car il dit icy tout le contraire, & nous
repreſente vne connoiſſance qui n'eſt point aſ-
ſuiettie aux images naturelles, ny à leur ordre.
Cette connoiſſance ne vient point auſſi d'experience, puis qu'elle ſe trouue dans les icunes Fourmis qui n'ont iamais veu ronger de blé, & qui
n'y ont point eſté inſtruittes. Cependāt nous ſommes d'accord que cela ſe fait par Inſtinct, d'ou
il s'enſuit que les actions de l'Inſtinct ne doiuent
point leur cōduite ny leur infaillibilité à ces images chimeriques, & que pour deffendre la Raiſon des Beſtes, il leur en faut neceſſairement attribuer vne, qui ſe faſſe elle meſme vn ordre, ſans
eſtre eſclairée de l'experience, ny de l'ordre des

connoiſſances naturelles. I. faut donc bien qu'elle ſoit plus parfaite que celle de l'Homme , ou
pluſtoſt qu'elle ſoit guidée par vne plus grande
lumiere.

Ce que dit Monſieur de la Chambre en cet
endroit, s'accorde mal auec ce qu'il a eſcrit en
la page 49. *Que l'Hirondelle n'a pas plus de con-*
noiſſance de ce qu'elle fait que les Eſpeces naturelles
luy en peuuent donner: qu'elle en ſuit l'ordre ſans
penetrer plus auant dans le deſſein de la Nature
qui les a données: que ſi elle amaſſe de la bouë & des
plumes; ce n'eſt pas peut eſtre qu'elle en ſçache l'vſa-
ge, ny la commodité de la figure de ſon nid. Icy
& en quelques autres endroits il enſeigne tout
le contraire , & veut qu'elles en ſçachent les vtilitez,& qu'elles n'agiſſent que ſur ce principe. Il
faut donc qu'il declare vne bonne fois à quoy
il s'en veut tenir,afin de nous obliger à refuter
cette quatrieſme Raiſon autrement que par ſes
principes. Ce qu'il obiecte de la diſtribution
des emplois dans les actions de l'Inſtinct, & de
ce que les Beſtes ne font point ce qu elles trouuent deſia fait ; n'a aucune force contre nous,
qui auons vne opinion de l'Inſtinct qui ne le
fait point deſpendre de la connoiſſance des Beſtes, & qui nous met à couuert de toutes les obiections que l'on pourrroit faire.

Cinquieſme Raiſon.

Il conclut que ſi elles raiſonnēt en d'autres actions,
il n'y a pas plus d'inconuenient d'accorder qu'elles

raiſonnent en celle cy l'attendray à nier la conſequence & a en faire voir la nullité qu'il ait prouué que les Beſtes raiſonnent. Ie ne m'arreſterai pas non plus à ce qu'il adiouſte que les images naturelles eſtants plus expreſſiues & plus ſtables que celles qui viennent des ſens, elles peuuent ſeruir de matiere aux meſmes actions & de modelles ſur leſquels l'imagination forme ſes connoiſſances : qu'elle les aſſemble & diuiſe comme les autres, & qu'elle en tire des conſequences. Deuant qu'examiner ſi les images naturelles ſeruent à cela, il faut ſçauoir s'il y en a, & le prouuer mieux que Monſieur de la Chambre n'a pas fait, & monſtrer en ſuitte que l'imagination des Beſtes raiſonne. C'eſt ce que ie m'en vay refuter en toute la ſuitte de cet ouurage, finiſſant icy ce que i'auois icy à dire de l'Inſtinct.

De la Nature du Raisonnement, & que c'est que raisonner.

CHAPITRE XIV.

'Aprehendez pas, que ie vous transcriue icy toute la Logique; ny tout ce qu'elle enseigne touchant les trois operatiõs de l'Entendement. Il me suffira que vous vous souueniez ; que des connoissances de nostre Esprit, les vnes sont simples, & semblables à celles de nos sens : les autres sont composées. Celles qui sont composées, sont encore de deux sortes. Car si deux Idées simples, se rencontrent ensemble en nostre Entendement; & qu'elles conuiennent si bien, que la conuenance en soit euidente; nostre Esprit ne la va pas chercher plus loin. Il ne fait qu'vnir par vne affirmation les images qu'il voit estre immediatement vnies de leur nature. C'est ainsi qu'il recognoist qu'vn tout est plus grand que sa partie; & que deux corps qui se touchent sont esgaux ou inesgaux.

Mais quand la suite qu'ont deux images n'est ny euidente, ny immediate : il faut que nostre Esprit se serue de quelque milieu pour les ioindre. Il ne cognoistroit iamais qu'il y a de la con-

uenance, s'il ne l'examinoit ; & s'il ne cognoiſ-
ſoit auparauant, qu'elles ont du rapport à vne
troiſieſme, qui les lie & les vniſt en la connoiſſance de la meſme façon qu'elles ſont vnies en leur
Nature. Hors ce milieu ou ce moyen, nous
n'en cognoiſtrions que les differences ; & ne
pourrions iamais iuger de leur conformité.

Toute connoiſſance n'eſt donc pas vn raiſonnement, comme quelques vns d'entre le peuple
s'imaginent. Il ne nous a eſté donné que pour
cognoiſtre & examiner la verité des choſes qui
ſont ſuiettes au doute, & où il ſe rencontre de
la difficulté. De la vient que Dieu a qui
toutes choſes ſont eſgalement euidentes ne raiſonne iamais. Les Anges ne raiſonnent que ſur
les obiets dont ils n'ont pas vne parfaicte connoiſſance. Les Hommes ne raiſonnent point
ſur les choſes que les ſens, ou la ſimple intelligence font cognoiſtre eſtre certaines & euidentes. Nous en voyons la conuenance & le rapport, ſans qu'il ſoit beſoin que nous l'examinions
ny auſſi que nous raiſonnions pour les cognoiſtre ; par ce qu'en effet, c'eſt en l'examen de ce
rapport que conſiſte la Nature de raiſonnement.

Il y a deux genres de raiſonnement dit Ariſtote au ſixieſme de la Morale Il y en a vn qui ſert
pour acquerir la ſcience ; & lors il s'appelle
contemplation: il n'a pour obiet que la ſeule connoiſſance, & ne ſe fonde que ſur des principes
inuariables. L'autre raiſonnement a pour principe vne fin practique, & ſe termine a quelque
choſe qu'il faut faire. Celuy-cy s'appelle proprement deliberation : pource qu'en effet dit ce

grand Homme , raisonner sur ce qu'il faut faire
n'est rien autre chose que consulter ou deliberer.
Il a repeté cela mesme en d'autres endroits, aussi
bien que ce qu'il dit icy , que pour deliberer il
faut vn temps considerable. Qui eust iamais
creu apres cela , que l'on eust deu nous quereller
sur cette doctrine? Qui eust pensé, qu'on deust
entreprendre de nous persuader , qu'Aristote
n'entendoit pas ce qu'il sçauoit le mieux ; & qu'il
n'auoit pas assez bien estudié la Nature , & les
conditions d'vn raisonnement ? Monsieur de la
Chambre nous auouë bien que les Bestes ne deliberent pas ; & le monstre en suitte fort clairement. Mais il n'approuue pas ce qu'en i'en ay
voulu inferer : Et dit *qu'il n'est point necessaire*
que pour raisonner il faille deliberer : qu'on employe
souuent le raisonnement ou il ny a qu'vn seul moyen
pour paruenir à vne fin : que les Bestes n'ont le plus
souuent qu'vne voye pour paruenir à leur but : que
si elles rencontrent plusieurs moyens , elles se deter-
minent d'abord à celuy qui se presente ou le premier
ou le plus efficace , & qu'elles n'ont point la liberté
du choix.

Si nous examinons toutes ces choses par l'experience ; nous reconnoistrons premierement ; que
les Hommes ne laissent pas de deliberer encore
qu'il n'y ait qu'vn seul moyen pour paruenir à
leur fin.   Nous le voyons tous les iours en ceux
qui veulent passer d'icy en Ré. Ils sçauent bien
qu'il ny a point d'autre moyen que de se mettre
sur l'eau. Cela ne les empesche pas de s'arrester sur le bord de la mer, d'y consulter les ex-
perts & de deliberer en eux mesmes sur ce qu'il
doiuent

doiuent faire. Vn Homme sçaura que la gan-
grene luy gagnera bien tost le cœur, s'il ne se fait
extirper le bras , & qu'il n'y a plus que ce seul
moyen pour sauuer sa vie. Vn Criminel con-
damné à la question , sçait que pour esuiter la
mort il ny a plus d'autre voye que de supporter
quelque temps de la douleur. Croyez vous
pourtant que des Hommes reduits aux necessi-
tez ausquelles ie vous represente ceux-cy , ne
deliberent pas la dessus ? Et que lors qu'ils ne
voyent plus de lieu pour le choix des moyens,
il ne leur en reste plus pour la consultation?
Encore qu'il ne nous reste qu'vn moyen pour
paruenir à nostre but ; nous ne laissons pas de
consulter en nous mesmes , pour sçauoir si ce
moyen est proportionné à nostre fin, & s'il est
suffisant pour nous y conduire. Secondement
nous trouuons encore occasion de deliberer, lors
que le seul moyen qui se presente est dangereux
& difficile à exécuter. Mais lorsque la conexion
d'vn moyen à la fin est euidente , que ce moyen
est si clair & si efficace qu'il determine d'abord
nostre Imagination , & qu'il ny paroist rien
qui nous rebutte , nous nous y portons sans raisonner, c'est à dire sans consulter. A quoy bon
raisonner sur vne chose ou la conclusion est plus
claire & plus conforme à nostre appetit que les
propositions dont vous les pourriez tirer ? A
quoy bon encore ioindre par vn milieu vne fin,
& vn moyen dont la suite est immediate & euidente. Le Raisonnement n'est pas simplement
vn progres d'vne connoissance à l'autre. Il ne
nous a esté donné que pour inferer vne chose

moins cognuë par vn autre qui l'eſt dauantage.
Il faut que la concluſion y doiue ſon euidence aux veritez dont l'on ſe ſert pour la prouuer : Et dans les choſes practiques, ſi les moyens
paroiſſent aux ſens ; s'ils ſont auſſi euidents que
la fin, & s'ils ſont de la Nature de ceux dont les
Beſtes ſe ſeruent hors de l'Inſtinct ; il n'y a point
de neceſſité pour le raiſonnement.

Toute l'erreur de nos Aduerſaires ne vient
que de ce qu'ils s'imaginent, qu'il eſt impoſſible
d'employer des moyens pour paruenir à vn but,
que l'on ne raiſonne. Cependant ils enſeignent
le contraire ; & diſent que les choſes inſenſibles
employent des moyens & paruiennent à leur fin
ſans la cognoiſtre. Ils ſouſtiennent que c'eſt
pour mettre le fruict à couuert que les Plantes ſe
garniſſent de feuilles : qu'elles font le diſcernement & l'attraction de leur aliment ſans cognoiſ.
ſance. Si cela eſt, on ne peut pas douter qu'auec
vn degré de cognoiſſance inferieur à celuy du
raiſonnement, on ne puiſſe employer des moyens
& les faire reuſſir. Vn enfant qui ne raiſonne
point encore porte ſes mains à ſon viſage pour
en oſter quelque choſe qui l importune. Il oppoſe ſes mains à ſa cheute ; & ſe ſert ſans raiſonner d'vn moyen pour s'en garantir. Il s'éſ-
lance ſur le ſein de ſa nourrice lors qu'il le voit;
& employe plus de force à le ſuccer lors qu'il
en ſent plus de beſoin. Il ſe cache à la veuë de
ce qui luy fait peur, & ſe ſert à diuerſes fins de
cent aütres moyens , où il y a de plus fortes apparences de raiſonnement qu'en tout ce que font
les Beſtes : d'où i'ay tiray autrefois vne conſe-

quence tres-certaine qu'il n'y a point de neceſſité
de leur attribuer de la Raiſon. Maintenant ie
n'ay deſſein que de montrer qu'il y a beaucoup
de difference entre employer des moyens & raiſonner. Cela ſe peut encore cognoiſtre d'ailleurs,
& par l'exemple des moins raiſonnables de tous
les fous : ou pluſtoſt par ce que nous voyons arriuer à ceux à qui vn profond aſſoupiſſement a
interdit toutes les hautes facultez de l'Ame. Pour
peu qu'il leur reſte de ſentiment ils retirent les
parties où on leur fait quelque douleur. Vn
Homme qui ſe porte bien a ſans contredit le raiſonnement plus prompt que tous les autres Animaux. Neantmoins ſon appetit en preuient les
concluſions à la rencontre inopinée de quelque
eſtincelle de feu qui le bruſle. Vous auez auſſi
veu dans le Chapitre precedent ; qu'à toutes les
fois qu'vn Homme mange , ou ſatisfait quelque
autre de ſes appetits ; il ſe ſert de diuers moyens
ſans faire de Syllogiſmes : & qu'il ne faut point
que les mouuements de noſtre appetit ſenſuel
ſoient precedez par les propoſitions & les concluſions dont Monſieur de la Chambre les fait
preuenir.

Les perſonnes timides fuyent ſans raiſonner
de ce qui leur paroiſt effroyable. La rencontre
d'vn ſerpent ou d'vne ſoury fait perdre conte-
nance à ceux qui y ont de fortes antipathies, auāt
que leur Raiſon agiſſe & qu'elle ait le temps de
les raſſeurer. Il ne faut auſſi point d'Arguments
pour nous porter vers vne choſe agreable. Les
obiets ont vne faculté aimantine pour l'Appetit.
Ils l'attirent & l'eſpouuantent par leurs qualités

sans qu'il fasse de reflexion sur la bonne
contrarieté qui s'y rencontre. Toutes ses actions
se fôt sans dessein, & sont necessitées par l'objet.
Nous baillons, nous rions sans auoir intention
de le faire. La crainte ou pluftost l imagination
du chatouillement, & le geste d'vne personne
qui nous en veut faire peur, nous fait souffrir
sans raison des secousses inuolontaires. Le mouuement qui s'y rencontre est bien vne operation
de l'appetit, neantmoins il ne despend pas de la
conclusion de deux propositions, dont l'vne fasse cognoistre que la chose est bonne, & l'autre
qu'on la peut faire ainsi que Monsieur de la
Chambre nous le veut persuader.

Ie m'expliqueray plus au long en vn autre ouurage. Il suffit d'auoir monstré icy que ce n'est
pas raisonner que d'employer des moyens pour
paruenir à vne fin; & que toutes les causes qui
en employent ne cognoissent pas que ce sont des
moyés. Il faut pour cela vne espece de redoublement en la cognoissance & quelque sorte de reflexion dont nos Aduersaires auoueront que les
Bestes ne sont point capables. C'est ainsi que
i'ay prouué que les Oyseaux se seruent de la plume contre le froid, sans cognoistre qu'elle est
propre à cela. Ils en sentent l'vtilité & connoissent la chaleur qui leur en reuient ; parce que
tout sentiment est vne connoissance. Mais ils ne
sentent ny ne cognoissent pas que ce sont les plumes qui causent cette chaleur, autrement ils les
ramasseroient l'hyuer auec plus de soin qu'il ne
font au printemps. Les chiens sentent l'vtilité
du feu , ils s'y plaisent ; la seule veuë les y atti-

ce en renouuellant l'image du bien qui en est resté
en la memoire. Mais ils ne sçauent pas que ce
soit le feu qui leur fait ce bien, & n'apprennent
iamais à le faire ny à l'entretenir. Si vous ostez
la robe d'vn Singe durant l'Hyuer; il sentira bien
le froid qui luy reuient de sa nudité. Mais il ne
cognoistra pas qu'il vient de sa nudité; Et ie suis
fort trompé s'il s'auise de reprendre sa robe : s'il
le faisoit il ne faudroit pas pour cela conclure
qu il raisonne. I'ay monstré en mes considerations la foiblesse de cette consequence. Ie veux
adiouster icy que pour cognoistre la proportion
qu'il y a des moyens à vne fin. Il n'est pas neceffaire de raisonner, pourueu que cette proportion soit euidénte. Comme les Anges sçauent
sans raisonnement qu'vne chose sert d'aide pour
paruenir à vne autre : ainsi les Hommes n'employent leur Raison que dans les suiets, où il
y a du doute & de la difficulté. Ils ne sçauroient
raisonner pour prouuer les premiers principes.
Ils ne sçauroient se persuader par Raison ce
que les sens leur monstrent manifestement, parce
que c'est renuerser la Nature du raisonnement
que d'employer pour preuue, ce qui est plus obf-
cur que les choses que l'on se veut persuader.
On se moqueroit d'vn homme qui raisonneroit
pour sçauoir si la premiere marche d'vn degré
sert de moyen pour monter à la seconde. En
toutes choses qui se iugent par la seule veuë, &
dans le rapport est euident à nos sens, nous n'em-
ployons que de simples conceptions, & n auons
que faire de l'aide des autres operations. S'il n'y
a du doute & de l'obscurité, nous n auons pas

H iij

beſoin de cet examen & de cette deliberation par
où nous auons dit que nous definiſſions le raiſonnement.

Mon intention n'eſt pas d'aprofondir cette
matiere, ny de dire tout ce qui s'en peut ſçauoir
Ie n'en ay voulu expliquer ; que ce que i'ay eſti-
mé ſuffire pour reſpondre à nos Aduerſaires.
Encore croy-ie ne m'eſtre que trop eſtendu pour
cela, & que toute la diſpute que i'entreprens
contre eux eſt inutile. Car puis qu'il nous accordent que les Beſtes ne font point le choix des
moyens, & qu'elles ne deliberent point : puis
qu'il auoüent que ce qu'ils appellent leur Raiſon
eſt vne cognoiſſance eſclaue des ſens : puis qu'ils
diſent qu'elles ſe laiſſent determiner, c'eſt à dire
forcer ou neceſſiter au premier moyen que le
ſens leur preſente ; nous voyla reduits à diſpu-
ter des termes ; & à leur conteſter que ce n'eſt
pas parler proprement que d'appeller raiſonnement vne connoiſſance qu'ils veulent eſtre purement ſenſuelle. Tant que nos Aduerſaires ſe-
ront ſi complaiſans que de nous accorder que
les Beſtes ne deliberent ny ne meditent point,
nous n'aurons rien à deſmeler auec eux que la
doctrine de l'Inſtinct. Nous leur accorderons
s'ils veulent que hors la contemplation & la deliberation, elles font tout ce que l'Eſprit des
Hommes ſçauroit faire. Nous leur auoüerons
encore, qu'elles agiſſent comme agiſſent les Enfants ; qu'elles cognoiſſent comme eux ; qu'elles
raiſonnent comme eux : Et leur permettrons de
ſe preualoir tout autant qu'il leur plaira de cet
exemple. Ie ſuis pourtant trompé s'ils s'en ſer-

uent, par'ce ils fçauent bien que nous renuerſons
par là tout ce qu'ils apportent en faueur de la
Raiſon des Beſtes.

Que la Raiſon eſt la faculté propre & ſpe-cifique de l'Homme.

CHAPITRE XV.

Onſieur de la Chambre a fort bien
remarqué, que la difference eſſentielle de l'Homme, doit eſtre vne
ſubſtance. Car ce qui conſtituë
l'Homme, eſt cela meſme qui le fait
differer. C'eſt le dernier & plus
ſouuerain degré de ſon Eſſence, que nous deſig-
nons communement par les termes d'Entendement ou de Raiſon, par ce qu'encore que la
Raiſon ſoit vne des facultés de noſtre Ame ; il
n'eſt pas bien certain quelle en differe réellement.
Ce que nous appellons vne faculté peut bien
eſtre la propre ſubſtance de l'Ame ; elle peut
bien auſſi ne l'eſtre pas. Quoy que s'en ſoit,
comme l'Eſſence des choſes nous eſt incognuë,
& que nous ne cognoiſſons les facultés que par
les actions : nous ne pouuons marquer la difference eſſentielle de l'Homme, que par vne action
qui luy ſoit propre & particuliere. Et apres

auoir bien examiné toutes les actions d'vn Homme , nous trouuons que si celle de raisonner ne
luy est propre & specifique ; qu'il n'en fait point
qui le soit ; & qu'il n'a rien qui le distingue essentiellement des autres Animaux; ny qui le consti-
tue en son Estre special & determiné. L'imagination & la memoire se rencontrent dans les autres
Animaux : & s'il y a vne faculté Estimatiue,
elle y est plus manifeste qu'elle n'est au dedans
de nous. Si les Bestes raisonnent ; elles ont aussi
vn Appetit raisonable, qui ne peut estre autre que
la volonté. Voyla tout ce que nous auons de
hautes facultez; Car il n'est pas possible que nous
en ayons d'autres qui nous soient incognuës : Il
faudroit qu'elles ne fissent aucunes actions, ainsi elles ne seroient pas des facultez. D'ailleurs il
demeure constant que nous ne pouuons discerner aucune action en l'Homme qui luy soit propre que le raisonnement : par consequent il est
incommunicable aux Bestes. Monsieur de la
Chambre ne s'y accorde pourtant pas : il dit
78 que ce n'est pas vne chose qui soit encore bien decidée.
Il ne sçauroit neantmoins pas nier que le plus
grand nombre des Philosophes ne l'ait decidée
en nostre faueur. Que si les doutes de quelques
vns , & quelques legeres difficultez peuuent faire passer vne question pour douteuse : il n'y a
point de questió qui ne le soit, ny qui puisse estre
iamais vuidée. On ne sçauroit aussi pas nier
que nostre sentiment ne soit le plus seur, puis
qu'il est le plus commun , & qu'il est appuyé de
l'authorité des plus grands Hommes, & de celle
de presque tous les autres.

Il nous objecte que tous les *Philosophes qui ont
esté deuant Socrate n'ont point fait entrer la Raison* 78
en la definition de l'Homme. Il me seroit aisé de
faire voir icy le contraire : Mais quand cela
seroit ; nostre opinion ne rougiroit pas d'auoir
Socrate poup Autheur ; & de n'auoir paru au
monde que depuis que la Philosophie a com-
mencé parler correctement, & à se desfaire des
premiers begayements de son Enfance. Il dit que
*Platon la recognuë dans l'Ame du monde, & dans
celle des Demons; que nos Theologiens confessent que
les Anges raisonnent.* La doctrine de Platon ne
se pouuant pas expliquer icy sans faire de grandes digressions ; ie me contenteray d'aduertir
nos Aduersaires, que tant qu'ils feront disputer
Platon contre Socrate, & qu'ils s'efforceront de
trouuer de la repugnance en leurs sentiments;
ils courront vne dangereuse fortune. Pour ce
qui est de nos Theologiens, i'estime qu'ils ne
sçauroient mieux faire que d'enseigner que les
Anges raisonnent dans les choses dont ils n'ont
pas vne parfaicte connoissance. Il ne s'ensuit
pas pour cela que la Raison n'est pas la difference de l'Homme. La vegetation se trouue en
tous les Animaux : Elle ne laisse pas d'estre la
difference peopre & specifique des Plantes. Nous
participons au sentiment par lequel on definist
essentiellement les Animaux. Et quand on dit
qu'vne faculté est propre & incommunicable;
cela ne s'entend que des Estres inferieurs, & ne
tire point à consequence pour d'autres plus excellents qui possedent auec eminence toutes les
perfections des plus basses creatures ; par ou

nous concluons que la Raison peut bien eſtre en
les Anges ou dans les Demons de Platon, &
neantmoins eſtre noſtre difference ſpecifique.

Il adiouſte *que toute ſorte de Raiſon ne fait ou
ne marque pas la difference de l'Homme. Mais telle
Eſpece de Raiſon qui eſt plus parfaiẟe qui procede
d'vne Nature libre indifferente & ſpirituelle.* Il dit
ailleurs *que la Raiſon des Beſtes , ne fait ſon progres
que des cognoiſſances particulieres qui ne peuuent
produire que des raiſonnements particuliers : que no-
Entendement forme des propoſitions & des conſequences vniuerſelles ; ce qui monſtre qu'il eſt ſpirituel
& deſtaché de la matiere.* Pour bien examiner ces
choſes ; il faut ſuppoſer d'entrée ce qui eſt accordé entre les parties ; que le plus & le moins,
& ne changent point l'Eſpece. De la il s'enſuit
que quand il ſe rencontreroit vne plus grande
perfeẟion en le raiſonnement des Hommes: cela ne marqueroit point vne difference eſſentielle
en la faculté. Les facultés ne changent point de
Nature & ne deuiennent point ſpecifiques en vn
ſubiet pour y faire des aẟions plus parfaittes
que dans vn autre. Si cela eſtoit il s'enſuiuroit
que la faculté viſuelle des Oyſeaux de nuiẟ,
ne ſeroit pas de meſme eſpece que celle des autres Animaux. Il faudroit que les Hõmes faiti,
differaſſent eſſentiellement d'auec les Enfants?
& à peine trouueroit-on deux Hommes en vne
ville qui fuſſent de meſme eſpece.

Secondement quand meſme vne plus grande
perfeẟion de raiſonnement ſeroit capable d'éta-
blir vne difference ſpecifique : ce ne ſeroit pas
la connoiſſance des choſes vniuerſelles, qui l'e-

ſtabliroit. Car il eſt certain que toutes les notions generales ſont les plus confuſes & les plus
imparfaictes de nos conceptions. En effet les
Hommes qui raiſonnent le mieux & qui cognoiſſent les choſes plus parfaictement, font moins de
notions vniuerſelles ; que les Eſprits groſſiers,
qui iugent confuſement de toutes choſes. Et il
faut bien moins d'Eſprit pour cognoiſtre les cô-
munautés & les reſſemblances, que pour en diſcerner les differences.   Toutes les fois que noſtre
Raiſon fait vn progres d'vne connoiſſance particuliere à vne concluſion vniuerſelle ; la concluſion eſt plus confuſe & plus imparfaicte que n'eſt
la cognoiſſance d'où on la tire. Puis donc que
noſtre difference ſpecifique ne doit eſtre priſe
que de ce que nous auons de plus parfait, & que
les concluſions vniuerſelles ſont les plus imparfaictes actions de noſtre Raiſon ; Elles ne peuuent pas marquer noſtre difference ſpecifique.
La Raiſon conſiderée en elle meſme doit eſtre
plus propre pour nous faire diſcerner ce que
nous auons de plus excellent, que les defauts
qui ſe trouuent quelquesfois attachés aux actions
de cette Raiſon.

Ie n'examine point de quelle façon les notions
vniuerſelles ſe forment en noſtre eſprit. Si ie
m'explique vn iour la deſſus ; ie fairay peut eſtre
voir, qu'vne conception vniuerſelle eſt quelque
choſe au deſſous du moindre de tous les raiſonnements. Galien & beaucoup d'autres qui ont
ou douté de la Raiſon des Beſtes, ou qui l'ont
abſolument reiettée ; n'ont pas laiſſé neantmoins
de leur attribuer des cognoiſſances vniuerſelles.

Ils ont dit la mesme chose des Enfants ; & ne se
font pas contentés de le dire : ils l'ont prouué
par des Arguments qui ont plus de probabilité
que tout ce que nos aduersaires nous obiectent:
ce qui ne ma pourtant pas empesché d'y respondre, escriuant contre Charron, qui en a fait vn
des principaux fondements de la Raison qu'il attribue aux Bestes.

En troisiesme lieu ; s'il n'est pas possible de
raisonner sans se seruir de termes generaux, &
sans former de notions vniuerselles ; nostre Raison n'a aucun aduantage sur celle des Bestes ; &
vous n'y sçauriez marquer aucune difference essentielle. Sans doute que Monsieur de la Chambre auoit l'Esprit diuerty, lors qu'il a escrit que
l'on peut tirer vne connoissance asseurée, de propositions qui ne sont que particulieres. Il sçait
trop bien les maximes de la Logique qui enseigne la nullité de cette sorte de consequences : il
vouloit dire singulieres ; & vouloit peut estre dire, qu'il y a certains Syllogismes que l'Eschole
nomme Expositoires qui de propositions singulieres, inferent vne conclusion singuliere. I'a-
uoüé que les Logiciens font quelque mention de
ces Syllogismes, mais ils ne s'en seruent iamais,
& ne s'en sçauroient seruir pour acquerir aucune connoissance. Ils les tiennent inutiles, &
leurs donnent vn nom qui est vn tesmoignage de
leur mespris. Ils les appellent Expositoires, par
ce qu'ils ne font qu'expliquer vne chose en autres
termes, & qu'ils ne prouuent rien de nouueau.
Vous voyez par là, que ces Syllogismes ne sont
pas à proprement parler des raisonnements, puis

qu'il leur manque ce qui eſt eſſentiel. Le principe ou fondement de tous les vrais raiſonnements eſt que deux choſes qui conuiennent entre
elles doiuent conuenir en vne troiſieſme qui ſoit
commune aux deux autres : & que celles qui
n'ont rien qui leur ſoit commun ne conuiennent
point . De la on deſduit vn autre principe dont
la connoiſſance eſt touſiours ſuppoſée en tout
raiſonnement ; que tout ce qui ſe dit d'vne choſe
vniuerſelle, ſe peut dire de tout ce qui y eſt contenu. Cela eſtant ainſi, comme perſonne n'en
doute : ne faut-il pas tenir pour certain qu'en
tout raiſonnement il y a du moins vn terme
commun & vniuerſel ? Il faut auec cela que l'on
en cognoiſſe l'vniuerſalité, & que l'on ſçache
qu'il eſt commun : autrement vous n'y ſçauriez
voir de conſequence. Tout Syllogiſme qui ſe
fait d'autre ſorte n'eſt pas proprement vn raiſon-
ment. Ce n'eſt qu'vn amas de propoſitions que
l'Eſchole appelle nugatoires qui n'inferent & ne
concluent rien. Il faut encore conſiderer que le
peuple le plus ſtupide ne raiſonne iamais par
Syllogiſmes où toutes les propoſitions ſoient
ſingulieres ; & qu'il y a beaucoup d'habiles gens
qui n'en ont iamais fait, & qui n'en ſçauroient
faire. Ceux qui eſcriuent la Logique ſe trouuent
merueilleuſement empeſchez lors qu'il faut en
trouuer quelque exemple : & apres tout les plus
exacts d'entr'eux y laiſſent le plus ſouuent cou-
ler quelque terme vniuerſel. Et quelque intereſt
qu'euſt Monſieur de la Chambre à ne le pas faire
il n'a peu s'en empeſcher. Il dit qu'vne Beſte ren-
contrant quelque choſe de blanc, de mol, & de

sçauoureux, raisonne ainsi deuant la manger.

 Cette chose est douce
 Ce doux est bon à manger
 Donc *cette chose est bonne à manger.*

Ie marqueray cy apres diuers autres defauts en ce Syllogisme. Ce m'est assez d'y remarquer maintenant que le terme de doux est vniuersel, que ceux de bon & de chose sont les plus transcendants de la Metaphysique. Ainsi vne Beste dont toutes les idées sont singulieres ne sçauroit former ce raisonnement, ny pas vn autre. Outre que ce Syllogisme ne conclut rien à moins que sçauoir que tout ce qui est doux est bon à manger. Et si vne Beste ne sçait non seulement cette proposition vniuerselle; mais encore son vniuersalité, elle ne peut employer la douceur comme vn moyen pour en conclurre la bonté de l'aliment.

En quatriesme lieu puis que nous n'auons point d'autre faculté pour cognoistre les vniuersalités que la mesme faculté par laquelle nous raisonnons: il faut, si cette faculté de cognoistre les vniuersalitez est propre à l'Homme, que celle de raisonner le soit aussi; puis que c'est vne mesme chose. Il faut encore que cette proprieté marque la difference de l'Homme, & qu'elle soit incommunicable aux Bestes. Monsieur de la Chambre veut preuenir cette difficulté en disant que nous auons deux facultez de raisonner: *que l'imagination raisonne aussi bien que l'Entendement encore que ce soit d'vne maniere qui est inferieure.* Cela ne peut pourtant pas estre : car puis que ces facultez sont essentiellement differentes, &

que l'imagination eſt en nous ſubordinée à l'Entendement ; Il faut que nous puiſſions diſcerner
l'Entendement par quelque action qui luy ſoit
propre : Et que des trois operations auſquelles
ſe reduiſent toutes ſes actions, il y en ait du moins
vne qui ſoit incommunicable à l'imagination.
Et il faut que ce ſoit le raiſonnement, par ce
qu'il eſt la plus releuée des trois operations. Il
n'y a plus d'apparence de nous repliquer que
l'action qui diſtingue l'Entendement eſt la conception des vniuerſalitez, car i'ay monſtré que
c'eſt la plus imparfaicte de ſes actions; par conſequent qu'elle ne peut point eſtablir vne difference ſpecifique. I'ay auſſi fait voir que tout
raiſonnement ſuppoſoit vne connoiſſance vniuerſelle. Ie pourrois adiouſter icy que l'Entendement forme les vniuerſalitez par de ſimples conceptions, comme diſent les Logiciens, & par
ſes premieres operations, qui dans l'ordre de la
Nature & de la perfection ſont au deſſous de la
troiſieſme qui eſt le raiſonnement.

En cinquieſme lieu ie ſouſtiens que l'imagination ne peut former aucune ſorte de raiſonnements, par ce qu'elle eſt vne faculté corporel-
le & dependante abſolument de ſon organe. Tout
raiſonnement de quelque Nature que vous le fi-
guriez requiert vne faculté libre & independan-
te. Nous auons veu cy-deſſus qu'il n'y a point
de raiſonnement ſans deliberation, ny de deliberation ſans liberté. Nous auons veu auſſi que
Monſieur de la Chambre voulant deffendre la
Raiſon des Beſtes, a eſté contraint de leur attribuer vne liberté de contradiction. Et icy il

dit que la connoissance des vniuersalités requiert
vne puissance libre & spirituelle. Si donc il est
constant qu'il n'y a point de raisonnement qui ne
soit fondé sur quelque conception vniuerselle,
comme le l'ay monstré ; il est certain que l'imagination qu' est vne puissance materielle ne raisonne point. D'ailleurs en tout raisonnement dit
Aristote & disent tous les autres, il se fait quelque chose de nouueau. L'Esprit ne raisonne
point qu'il n'infere & ne forme quelque chose de
different & au dessus de ce qui luy est porté par
les sens & representé par les Phantosmes. Par la
il est clair que toute faculté qui raisonne est inde-
pendante. Car si elle estoit dependante de son
organe, & esclaue de son obiet ; elle ne pourroit
cognoistre que ce qui luy est representé. Cecy
sera plus clair quand vous aures leu le Chapitre
suiuant.

Il me semble que Monsieur de la Chambre in-
sinuë ailleurs vne autre distinction de Raisonnement, & vne autre difference entre l'Entendement & l'imagination laquelle il veut estre bor-
née *aux choses corporelles necessaires à la vie ; &*
ordinairement restrainte à celles qui sont propres à
la Nature de chaque Animal. Ie ne contesterois
point la dessus si on ne vouloit point faire passer
ces connoissances pour des Raisonnements ; ce
qui ne peut pourtant pas estre s'il est vray comme l'ay prouué que l'Imagination ne raisonne
point du tout : Par ou ie renuerse cette distinction & toutes celles que l'on pourroit apporter.
Secondement cette difference n'est pas essentielle
puis qu'elle n'est fondée que sur le plus & le moins.

Pour

Pour le troiſieſme la diſtinction d'vne Faculté
ne ſe prend pas tellement de la difference des
obiets;qu'elle ne ſe prenne auſſi de la differente
façon d'agir: Et la difference qui ſe prend de
l'action ſemble plus interne & plus eſſentielle à la
Faculté,que celle qui ſe prend de la diuerſité des
obiets. Or eſt-il que ſi l'Imaginatió raiſonne ſur
les choſes corporelles, l'Entendement n'a aucune action ny aucune façon d'agir qui luy ſoit
propre; ny par laquelle nous le puiſſions diſtin-
guer. Apres cela tous les Raiſonnements de
l'Entendement des Enfants,& la pluſpart des noſtres, n'ont point d'autre obiect que des choſes
corporelles;Cet obiect nechange point pourtant
la Nature de noſtre Raiſon, & ne la fait point
differer de celle des Philoſophes les plus con-
templatifs. Il n'eſt encore point vray que les
connoiſſances de l'imagination ſoient reſtraintes
aux choſes neceſſaires à la vie & propres à la Nature de chaque eſpece: Car ſans parler de la noſtre de qui les obiets ne ſont pas faciles à limiter;
celle des Beſtes raiſonne diſent nos Aduerſaires
ſur tout ce qui ſe preſente à leurs ſens. Car elles
raiſonnent dit Monſieur de la Chambre ſur les
choſes que nous leur enſeignons. Elles aſſem-
blent toutes les images de la memoire & en forment des conſequences. Elles connoiſſent dit-il
le temps à venir qui eſt vne connoiſſance bien
ſpirituelle & des plus delicates que puiſſe former
noſtre Entendement comme nous verrons en la
ſuitte.

Examen des exemples qu'aporte Monsieur de la Chambre pour prouuer le Raisonnement de l'Imagination.

CHAPITRE XVI.

IE vous supplie mon cher Lecteur de ne point lire ce Chapitre, que vous n'ayez bien examiné le quatorziesme, ou i'ay posé les fondements sur lesquels toutes les responses que vous verrés icy seront appuyées. Par ce moyen vous ne trouuerez pas grande difficulté à ce que nous obiecte nostre Aduersaire. Il dit, qu'vn Animal estant pressé de la faim voit vne chose blanche; il sent qu'elle est molle, & la trouue sauoureuse; il vnit le premier Phantosme auec le second, le second auec le troisiesme, & puis reioint le premier auec celuy-cy. Que s'il auoit iugé du commencement que cette chose blanche est bonne à manger, sans passer par les autres qualitez qui ont plus de connexion auec la bonté de l'aliment; il ne seroit pas asseuré dans sa connoissance; que pour la rendre certaine, il faut qu'il la fasse aller par vn milieu qui luy sert comme de degré pour arriuer à ce qu'il veut connoistre. De la vient que deuant qu'vn Chien affamé mange le pain qu'il rencontre il luy fait faire cet argument.

> Cette chose blanche est molle
> Ce mol est sauoureux
> Ce sauoureux est bon à manger
> Donc cette chose bläche est bonne à manger.

Ie suis trompé si cela n'est ce que l'Eschole appelle vn Sorites. Ie n'eusse pas creu que les Bestes eussent peu s'en seruir en leurs raisonnéments ; parce que ie sçay que plusieurs Hommes n'en sçauroient faire, & qu'ils n'ont pas assez d'haleine pour cela. Il y a bien peu d Esprits capables d vn si grand amas de propositions, & de reprendre sans confusion vn terme fort esloigné. D'ailleurs c'est vne façon d'argumenter fort incertaine & fort captieuse, & qui ne peut pas former de connoissance asseurée. Iamais les conclusions n'en sont evidentes à cause de la multitude des termes & de leur esloignement. En la suite il retranche vne des propositions pour faire ce Syllogisme.

> Telle chose est douce
> Ce doux est bon à manger
> Donc telle chose est bonne à manger.

Cet Argument ne conclut encore rien, puis qu'il est en la quatriesme figure, & qu'il ne se peut reduire à la premiere sans y mettre vne proposition vniuerselle. Apres ie trouue qu'il n'y a rien en la conclusion qui ne soit en la seconde proposition. Ainsi elle est superflue & inutile à mouuoir l'appetit d'vn Animal : car puis que deuant former la conclusion de ce Syllogisme, il auoit iugé que ce doux qu'il tenoit entre les dents estoit bon à manger ; il estoit impossi-

ble qu'il ne le mangeaſt. La connoiſſance n'eſt
donnée aux Beſtes que pour mouuoir leur appetit ; & il eſt forcé à ſe mouuoir par le premier
Iugement practique qu'elles font, ou qu'on leur
attribuë. Ainſi dés qu'vn chien affamé a cognu
que ce doux eſt bon à manger ; il faut qu'il le
mange : Et ſon appetit ne luy donne point le
loiſir de Philoſopher ſur des propoſitions inutiles ; ny le temps de conclure de cette choſe in-
definie, ce qu'il auoit deſia conclu de cette choſe douce. Monſieur de la Chambre eut mieux
fait de reduire ce raiſonnement d'vn Animal
en Enthyméme & luy faire dire. *Telle choſe eſt
douce ; donc elle eſt bonne à manger.* Mais encore
afin de conclure quelque choſe par la, & que
cet Enthyméme ſoit vn raiſonnement il faut
que l'Animal cognoiſſe que tout ce qui eſt doux
eſt bon à manger. Et dé quelque ſorte d'Argument qu'on le faſſe vſer il ne peut inferer certainement qu'vne choſe eſt bonne à manger qu'il
ne ſçache qu'il y a vne connexion vniuerſelle entre la douceur & la bonté de l'aliment: Car de ce
que quelque choſe douce eſt bonne à manger;
il n'eſt pas neceſſaire que celle la le ſoit, n'y que
l'on puiſſe en auoir vne ſcience certaine comme
on veut que ſoit celle des Animaux en cette occaſion. Et à moins d'vne propoſition vniuerſelle, la douceur ne peut ſeruir de milieu, ny de
degré pour arriuer certainement à ce qu'ils veulent cognoiſtre. Apres tout, qui à dit à Monſieur de la Chambre que les Beſtes affamées ne
mangent point qu'elles n'ayent fait tous ces
beaux raiſonnements? *Leur connoiſſance,* dit-il,

ne seroit pas asseurée. N'y a-il point de connoissance asseurée que le raisonnement ? & n'arriue-il
iamais aux Animaux de manger des choses qui
leur sont nuisibles, & de la bonté desquelles ils
n'ont point de science certaine ? Qui luy a dit
que la douceur ne suffit pas à mouuoir l'appetit
si l'imagination ne cognoist par cette douceur
que la chose douce est bonne à manger, *Et si elle* 24
n'a la connoissance d'vne chose qui luy estoit incon-
nuë par vn autre qu'elle cognoist ? Qui luy a dit
qu'elle fait trois iugements, & que des deux pre-
miers elle en deduit vn troisiesme qui se lie auec le
premier à cause de la connexion naturelle que le der-
nier Phantosme a auec le second ? Toutes ces choses se disent & s'expliquent auec de fort belles
paroles sans que l'on se mette en peine de les
prouuer auec de bonnes raisons. Quelqu'vn me
dira; Qui vous a dit que les Bestes ne raisonnent
pas en ces occasions ? Ie respons que ce n'est pas
à moy de rien appuyer de ce que ie dis sur cette
question , & que c'est à ceux qui affirment & enseignent la Raison des Bestes de la bien establir.
C'est encore à ceux qui entreprennent de refuter
les opinions communes, de ne s'y point hazar-
der , sansauoir des Arguments inuincibles. Ce
sont les plus grands Philosophes & presque tous
les Hommes à qui i'ay parlé qui m'on dit que
les Bestes ne raisonnent iamais. Ie sçay d'ailleurs qu'vne puissance dependante de son organe,
& qui reçoit toutes ses connoissances par les organes des sens externes cognoist bien la douceur
d'vne saueur ; mais qu'elle ne sçait point qu'vne
chose douce est bonne à manger , parce que les

sens ne luy enseignent point cela, & qu'ainsi elle
ne peut auoir la connoissance d'vne chose qui luy
estoit incognuë par vn autre qu'elle cognoist.

En fin ie iuge ce me semble fort seurement de
ce different, lors que i'examine les actions de
nostre Appetit sensitif, C'est vne Faculté qui
nous est commune auec les autres Animaux,
Ainsi il est euident qu'elle agist en eux de la mesme sorte qu'elle agist au dedans de nous. Figu-
rez vous vn Homme pressé de la faim, & qu'il
rencontre quelque beau fruict en vn arbre qui
luy est incognu, Sans doute qu'il sentira son appetit si fort irrité par la beauté de ce fruict que
quand i voudroit il ne sçauroit s'empescher d'en mettre en sa bouche. S'il le trouue
agreable le mouuement de son Appetit s'en redouble; Et l'Estomac l'attire auec tant de violence qu'il ne donne pas le loisir à la Bouche de
le mascher, ny à la Raison de faire cét argument;
Cela est vn arbre; Cet arbre a du fruict. Ce fruict
est beau. Ce beau est sauoureux. Ce sauoureux est
bon à manger. Donc cet Arbre a quelque chose de
bon à manger. Si l'Appetit ne se mouuoit qu'en
consequence des conclusions de la Raison, il
faudroit qu'il attendist encore, que cet Homme
affamé eust fait cinq ou six autres arguments que
vous trouuerez au Chapitre treiziesme de ce
Traicté. Vne Beste qui a faim est d'ordinaire
attirée à ce qui la peut nourrir, par l'odeur de
l'aliment. Son Appetit estant exité par là, se
iette auidement sur l'obiect qui l'attire. Et
deslors qu'vne saueur agreable y ioint ses char-
mes, l'Appetit se remuë si fortement que la Rai-

ſon n'y peut rien contribuer. Nous en iugeons par nous meſmes & par nos experiences qui nous enſeignent qu'encore que noſtre Raiſon ſoit fort prompte ; elle ne nous ſert pourtant point en ces occaſions. Demandez-le à ceux qui ont fait de longs voyages ſur mer, & qui y ont ſouffert vne longue ſoif ? Ils vous diront qu'ils ſentoyent des agitations en leur Appetit , d'abord qu'ils voyoient l'eau de la mer , & qu ils n'attendoyent pas d'eſtre agitez de la ſorte que leur Raiſon euſt conclu qu'ils le deuoient eſtre. Ils vous aſſeurerõt que deſlors que leur Raiſon auoit loiſir de former des concluſions, elle s'oppoſoit aux mouuements de l'Appetit : qu'elle iugeoit que l'eau ſalée les altereroit d'auantage ; que neantmoins leur Appetit la bien emporté quelques fois par deſſus la Raiſon ; que leur ſoif les a bien ſouuent obligez d'en gouſter ; & qu'il a fallu que le gouſt deſagreable de cette eau ait aydé à la Raiſon à moderer les mouuements de leur Appetit. Demandez leur encore ; Si lors qu'ils abordoyent a quelque terre & qu'ils y rencontroyent de belles Fontaines, ils s'arreſtoyent a faire des Syllogiſmes deuant que d'y contenter leur ſoif ? Sçachez des habitans de cette ville qui furent long temps ſans y voir de pain , ſi à la premiere fois qu'ils en reuirent ils ne ſe ſentirent aucune eſmotion en leur Appetit qu'ils n'euſſent argumenté ſur *l'vtilité de cet aliment & ſur la poſſibilité d'en auoir ?* Enquerez vous ſi les premiers treſaillements qu'ils y ſentoyent ne leur ſuruenoyent qu'en ſuite *de ce que leur Raiſon auoit conferé le bien qu'ils en auoyent receu auec le mal qui*

estoit presente & auec le profit qu'ils en attendoyent
pour l'auenir ? Ils vous asseureront que la seule
veuë & le seul nom du pain excitent si fort vn
Appetit affamé, que ces obiets ont fait sortir du
lict des personnes qui s'estoyent condamnées a
n'en partir iamais, & ont fait faire de longs
voyages a des Hommes que tous les Raisonnements du monde n'eussent sçeu remuer : Et que
comme la peur fait marcher les Goutteux & les
Paralytiques sans que la Raison y contribuë;
qu'vn violent desir n'a pas besoin de l'ayde des
Syllogismes pour faire la mesme chose ; Et que
l'Appetit entreprend ce que la Raison n'entre-
prendroit pas, & ce qu'elle iuge impossible. Il
faudroit donc que les Bestes fussent plus raisonnables que les Hommes, & que leur Appetit fut entierement assuietty à la Raison, s'il en
attendoit les iugements & les resolutions deuant
que se porter vers vn obiet agreable. Concluons
plustost que puis que les Hommes satisfont leur
Appetit malgré la Raison, & le mal qu'ils sçauent qui leur en peut arriuer, que les Bestes affamées n'attendent point à manger ce qu'elles trouuent agreable, iusques à ce qu'elles ayent conclu par Raison que c'est vn bon aliment, &
qu'elles l'ayent appris d'vne science certaine.

Le second exemple de Monsieur de la Chambre est d'vn Chien qui veut manger quelque
chose qui est penduë en haut. Il n'y peut at-
teindre quelque saut qu'il fasse. En fin il voit vn
lieu esleué, duquel il monte sur vn autre, & par
celuy-cy attrape la chose qu'il desire. *Cela ne
se peut faire dit-il qu'il n'assemble le phantosme du*

lieu ou il est auec celuy du premier degré, & celuy cy
auec le dernier, & le dernier auec la chose qu'il veut
auoir : Et tout cela luy seroit inutile s'il ne rassem-
bloit la premiere notion qu'il a formée auec la derniè-
re ; puis que la chose qu'il auoit auparauant iugée
impossible, ne l'est plus. Quoy si vn Recouureur
veut monter sur le toict d'vne maison , & qu'il
voye vne Eschelle dressée pour cet effect ; Il
faudra deuant s'en pouuoir seruir qu'il concluë
qu'il ny peut aller autrement ? Faudra-t'il qu'en
suitte il assemble la consideration du lieu ou il
est, auec l'image du premier eschellon: Et qu'a-
pres il vnisse cet image du premier eschellon auec
celle du second, & celle du second auec celle du
troisiesme , & qu'il fasse autant de Syllogismes
qu'il y a deschellons? Faudra t'-il qu'apres tout
il rassemble par vn Sorites composé de trente ou
quarante propositions, la premiere notion qu'il
a formée auec la derniere,&que par là il concluë
que ce qui luy estoit impossible sans cette eschelle ne l'est plus ? Il nous arriue, tous les iours de
monter & de descendre des degrez sans songer à
ce que nous faisons.Pour moy ie m'y laisse conduire à ma veuë;cependant que ma Raison s'oc-
cupe bien souuant toute entiere à autre chose.
Que si les Hommes qui ont vne plus grande facilité de Raisonnement, ne s'en seruent point en
ces rencontres : Pourquoy voulez vous qu'vn
Chien raisonne en cette action? Ils l'execute auec
tant de precipitation qu'elle est incompatible
auec tant de propositions , & auec la deliberation par ou Aristote a dit qu'il faloit definir cette
sorte de Raisonnements. Et comme i'ay re-

marqué ailleurs que nos Aduerſaires ſe croyent
bien fondez d'inferer que les Beſtes raiſonnent à
cauſe de quelques actions qu'elles font ſemblables aux effects de noſtre Raiſon: Ie ſuis du
moins auſſi bien fondé qu'eux de dire qu'elles
font ſans Raiſon, ce que nous pouuons faire
ſans l'aide du Raiſonnement : I'auouë pourtant
bien que le premier Homme qui inuenta l'vſage
des eſchelles, eut beſoin de raiſonner & de ſe
conſulter ſur la forme qui leur donneroit. Mais
ceux qui en ſuite en virent vne faicte & dreſſée,
n'eurent pas beſoin de conſulter ſur ſon vſage:
Ils le comprirent ſans Raiſonnement.   Meſmes
il eſt certain qu'vn Homme qui a veu des eſchelles, qui en ſçait l'vſage , & qui n'en voit point
ſur le lieu ; en peut aller chercher ou il ſe ſouuient d'en auoir veu, ſans qu'il ſoit neceſſaire de
Raiſonner. A cela ſuffit cette action de l'ima-
zion que Fracaſtor a fort bien expliquée, encore
que le nom de ſubnotion qu'il luy donne ne me
plaiſe pas. I'en parleray plus au long en mon
liure des fonctions de l'Eſprit de l'Homme.
Icy ie me veux contenter de dire que puis que
le Chien que l'on nous obiecte, ne ſe ſert pour
ſe hauſſer , que des aydes & des moyens qu'il
voit , & dont le rapport qu'ils ont à la fin eſt
euident aux ſens; il n'eſt pas beſoin qu'il raiſonne pour cela. La choſe qu'il veut attraper, & les
aydes dont il ſe ſert font eſgalement cognuës par
les ſens. Il ne faut donc point qu'il raiſonne n'y
qu'il employe l'image d'vne choſe cognuë pour
en prouuer vne autre qui ne l'eſt pas; puis qu'ela
les font tous deux eſgalement & ſuffiſamment

cognuës par la veuë. Ne nous perſuadez pas
auſſi qu'vn Chien ne faſſe rien & que ſon Appetit n'entreprenne rien, ſans auoir iugé de la
poſſibilité de ce qu'il veut faire. I'ay monſtré
cy deſſus le contraire, & le monſtrerois encore
par cent exemples; n'eſtoit que celuy cy eſt
ſuffiſant pour ce deſſein. En effect ſi vn Chien
iugeoit de la poſſibilité de ce qu'il entreprend
deuant que de ſe remuer, il ne feroit pas tant de
ſauts ny tant d'efforts inutiles. Il ſe rebutroit
dès le premier ſaut, ou pluſtoſt il ne ſe remue-
roit pas, & ne s'efforceroit pas de prendre, ce
que la plus ſtupide Raiſon luy monſtreroit
eſtre trop eſſué. Ce n'eſt donc pas la Raiſon
qui l'y porte,c'eſt l'obiect qui l'attire & qui remuë ſes Eſprits, iuſques à ce que la laſſitude
l'ait mis hors d'eſtat de pouuoir continuer. Il
y retourne encore lorsqu'il a recouuré de nouuelles forces. Il en eſt comme d'vn Chat de qui
les Eſprits eſtants agitez par la veuë de quelques Oyſeau enfermé dans vne cage; ne pouuant
pas le ioindre, il tourne inceſſamment à l'entour,
iuſques à ce que le vertige pluſtoſt que la Raiſon luy empeſche de continuer vne action ſi peu
raiſonnable. Que ſi en ſuitte la veuë luy preſente quelque autre moyen auquel ſon imagination diuertie l'auoit empeſche de prendre garde
auparauant; Il s'en peut auſſi bien ſeruir ſans
raiſonnement, qu'il euſt fait dès le commencement s'il s'en fuſt apperceu.

Monſieur de la Chambre nous obiecte enfin
que les Animaux ſe figurent des moyens & des Ruſes
dont elles ſe ſeruent à la chaſſe, ſans leſquels ils voyent

bien qu'ils ne pourroient prendre ou s'empescher d'e-
stre pris. Toute la difficulté de cette obiection
ne despend que de l'ambiguité des termes
de rufes & de figurer. D'ailleurs s'il euft defi-
gné quelques vnes de ces rufes en particulier,
ie me fuffe efforcé de les expliquer : Ce que
n'ayant pas fait ie me contenteray de dire en
gros , que les vnes font des effects de l'Inftinct,
les autres de memoire & de coutume , & que
toutes fe peuuent facilement faire fans Raifon.

Comme ie n'ay iamais nié que l'Imagination
ne fift des affirmations , ie n'ay point d'autre
intereft que celuy de la verité à le nier maintenant. Et fi Monfieur de la Chambre fe fuft
fort attaché à le prouuer, i'euffe pleinement examiné cette queftion en faueur de l'opinion commune. Mais ce qu'il en dit, n'eft pas digne de
luy, & ne merite pas que ie m'y arrefte. Il fe
fert de l'exemple *des fonges que font les Beftes*
16 *en dormant : de la rage qui les faifit quelques fois;*
de ce que les Oyfeaux troublent l'ordre des mots
qu'on leur a enfeignez, d'ont il infere que leur Ima-
17 *gination eft capable d'vnir les images des chofes*
comme il luy plaift. Si cela eft , l'Imagination
eft vne Faculté libre & indeterminée. Elle n'eft
plus Efclaue de fes obiects puis qu'elle en difpo-
fe comme il luy plaift. Au fonds nous ne nions
pas qu'il n'arriue de la confufion aux phantofmes lors que les fens externes ou la memoire les
reprefentent confufement. Il s'vniffent d'eux
mefmes, ou par l'agitation confufe des Efprits
fans que la Faculté les vniffe. L'Imagination
cognoift diuers phantofmes à la fois par de fim-

ples conceptions, & sans les assembler comme
Monsieur de la Chambre le monstre en suitte.
L'Eschole enseigne fort bien cela, lors qu'elle dis
que l'Imagination n'est ditte composer qu'en-
tant qu'elle considere deux images à la foiss
qu'elle est ditte diuiser lors qu'elle ne concoit
qu'vne partie des accidents d'vn obiect. Mais
d'affirmer ou de nier d'adiouster vn *est* , ou vn
non est entre deux termes, c'est ce qu'vne Faculté materielle & restrainte aux obiets qui luy
viennent de dehors ne sçauroit faire; outre que
cela marque vn redoublement en la connoissance, & quelque chose qui approche fort de la
reflection. L'Imagination reçoit l'image de la
taille d'vn Homme , & reçoit en mesme temps
celle de sa blancheur. Ces deux Especes s'vnis-
sent localement en la phantasie qui connoist vn
Homme blanc. Mais elle ne dit pas pour cela
cet Homme est blanc, parce qu'vne Faculté ne
peut estre materielle, si elle peut adiouster quelque chose à son obiect & mesler vn *est* , parmy les Especes qui viennent de dehors, parmy lesquelles cet *est* ne se rencontre point.
Il faut que l'Entendement qui a vne puissance
indeterminée, ioigne par vne affirmation ce qui
n'estoit que localement vny en la phantaisie. Il
semble de plus qu'en toute affirmation il se fait
vne reflexion de l'Esprit sur la connoissance des
sens, ce qui suppose vne faculté libre : Car si
nous ne cognoissions que les speces, sans en cognoistre la reception, nous n'en ferions iamais
d'affirmation. Il est encore plus clair que l'Imagination ne fait point de negations , & qu'elle

ce les cognoist pas: Elles ne sont rien en effet, &
ne peuuent fournir d'images pour se faire cognoistre aux facultez purement sensuelles. Et ce
n'est pas faire vne abstraction negatiue comme
pense Monsieur de la Chambre *que de conceuoir
vn accident sans prendre garde aux autres.* Cela se
peut faire sans negation , & se fait tous les iours
par les sens externes. De deux mots qui se pro-
nonceront, mon oreille en discernera & rapportera l'vn , qu'elle ne rapportera pas l'autre : Elle
ne fait pas d'abstraction negatiue pour cela , &
ce n'est pas parler dans les termes de l'Art que de
le dire. Il n'y a point non plus de consequence
à ce qu'il adiouste ailleurs *que si l'Ame sensitiue
peut assembler les images , elle les peut diuiser : Et
que si elle peut raisonner par des propositions affirmatiues , elle le peut aussi par des negatiues.* Ie croy
qu'elle ne fait ny l'vn ny l'autre. Ie croy aussi
qu'elle pourroit faire l'vn sans pouuoir faire l'autre : Et ne voy pas qu'on puisse me monstrer le
contraire , si ce n'est que Monsieur de la Chambre voulust employer des raisonnements semblables à ceux dont il se sert pour prouuer qu'outre
les Especes que l'Imagination reçoit des obiets
par les sens externes ; Elle se fait vne autre sorte
d'Especes qui luy font cognoistre l'Estre mate-
riel & substantiel de son objet. Ie ne veux pas les
rapporter icy , de peur que ceux qui n'ont pas
la commodité de voir son traitté , ne s'imaginent
que ie luy en fais accroire. Les autres pren-
dront la peine de les y lire , & iugeront qu'il a
escrit la septiesme page , & quelques vnes des sui-
uantes sans auoir le loisir de les examiner.

Nous verrons en suitte s'il est vray que l'Imagination vnisse les images du passé auec celles de l'a-
uenir. Ainsi il ne me reste que de respondre à ce
qu'il dit que tout le monde est d'accord que les Bestes
connoissent que les choses leur sont bonnes ou mauuai-
ses, & que iuger de la sorte est faire vne proposition
affirmatiue. Ie respons qu'à prendre le terme de
iuger comme l'Eschole en vse, que les Bestes ne
iugent de rien, & que la plus grand part des Phi-
lolophes est dans ce sentiment. Ils disent qu'elles connoissent les choses qui leur sont bonnes
par de simples conceptions sans affirmer qu'elles
sont bonnes. Elles ne iugent des obiets de leur
Appetit, que comme les sens externes iugent
qu'vne odeur fait du bien ou du mal : que le feu
brusle, & que l'eau rafraischist; ou la douceur du
miel d'auec la mertume de l'Absynte, sans qu'il
soit necessaire pour connoistre ces choses, que la
langue die cela est doux, cela est amer. Aussi il
y a grande difference entre discerner son obiect,
& faire des propositions affirmatiues & negatiues. Que si l'Imagination des Bestes ne fait
point de propositions, ou que du moins on ne
le puisse pas prouuer. Il y a bien encore plus de
temerité à soustenir qu'elle raisonne, & à entreprendre de nous le persuader.

De la coustume *&* de l'Instruction
des Bestes.

CHAPITRE XVII.

'Ay expliqué ailleurs les actions
les plus releuées que les Bestes ayent
iamais fait par instruction & monstré qu'elles se pouuoyent faire
sans Raison. Ie l'ay fait voir par
vn grand nombre d'exemples &
prouué en suitte par beaucoup d'arguments,
qu'elles n'agissoient que par coustume ; & qu'il
n'est pas possible qu'elles y meslent aucun raisonnement. Monsieur de la Chambre n'y a point
respondu ; il s'est contenté de dire *qu'elles ne pou-*
uent s'acoustumer à aucune chose sans y employer la
Raison; & qu'en disant qu'elles y sont accoustumées,
c'est auoüer qu'elles se seruent de la Raison. I'ay
prouué ce me semble tout le contraire; & le puis
encore faire voir par l'exemple des Enfants qui
s'accoustument à estre bercés, & se forment à diuerses autres habitudes peu de temps apres leur
naissance, & deuant que se seruir de leur Raison.
Ie le puis encore monstrer par l'exemple de certaines Facultez naturelles que nous auons, & qui
agissent par coutume, encore qu'elles n'ayent aucun

d'un commerce auec la Raison. N'est-il pas vray,
que l'Estomac ne Raisonne point & que neantmoins il s'acoustume à certaines viandes, qui
hors la coustume luy seroyēt venimeuses & mor-
telles ? N'est-il pas vray aussi que lors que vous
l'acoustumez à ne prendre sa nourriture qu'à vne
certaine heure; il regle sa faim par cette habitude,
& attend à se rendre importun, que son heure soit
venuë ? N'est-il pas vray encore que beaucoup
d'Hommes s'acoutument à vuider leurs excre-
ments à vne heure reglée; & que s'ils la laissent
passer, ils ny trouuent pas la mesme facilité?
Leur ventre n'escoute donc point la Raison & ne
se laisse point persuader aux Syllogismes : Mais le
lendemain & à la mesme heure il fera encore par
coustume ; ce qu'auparauant on n'eust sçeu ga-
gner sur luy par Raison. Ce n'est point par raisonnement disent les Medecins que le Foie s'accoustume à faire plus de sang en ceux qui se font
seigner bien souuent. Il en fait moins par vne
coustume toute contraire ; Ces parties de nostre
corps & quelques autres que ie ne veux pas nommer acquierent donc des habitudes sans raisonnement. Et ie ne croy pas qu'vn Medecin sça-
uant tel qu'est Monsieur de la Chambre y voulust y contredire. Il sçait par experience ce qui
se trouue dans certains liures , que des qu'vne
fluxion a pris trois ou quatres fois vn mesme
chemin, elle s'y accoustume, & qu'elle retrouue
ce mesme chemin par coustume & sans connoissance. Les sens externes ne raisonnent point;
Ils acquierent pourtant des habitudes. La coustume les rafine & les rend plus delicats : Elle

fait bien plus, puis qu'elle change leur Nature, &
leur rend agreable ce qui naturellement leur cau-
ſoit de l'auerſion. Ie cognois des Hommes, qui
ſe ſont accouſtumez à trouuer le gouſt de l'Ab-
ſynte delicieux. I'en ſçay, a qui le ſon d'vne
lime eſt deuenu agreable. Il s'en rencontre de
ſi accouſtumez aux tenebres & aux puáteurs, que
la lumiere & les bonnes odeurs leurs ſont fort
preiudiciables. Ie ferois voir ce que peut la
couſtume ſur l'Imagination, n'eſtoit que nos Aduerſaires la ſouſtiennent raiſonnable. Ils n'oſe-
royent auoir dit la meſme choſe du Sens commun, qui s'accouſtume neantmoins à s'eſueiller
& a s'endormir à certaines heures reglées, ſans
qu'il ſuiue en cela le deſſein de la Raiſon, & meſme bien ſouuent contre ſon deſſein. Ils n'oſe-
roient auoir dit que la memoire raiſonne : Cependant il ny a point de Faculté en qui la couſtume faſſe d'auantage paroiſtre ce qu'elle peut.
L'Appetit ſenſitif eſt la moins raiſonnable de
toutes les puiſſances de noſtre Ame. Neantmoins la couſtume le range bien ; & à proprement parler, c'eſt le ſiege des habitudes mora-
les. La Faculté motiue aueugle comme elle eſt
& ſans connoiſſance, ne laiſſe pas de faire des
actions par couſtume ſeulement : Et les exemples en ſont ſi communs, que ce ſeroit mal employer le temps que de les alleguer icy. Ainſi
nous pouuons conclure ſeurement contre Monſieur de la Chambre que puis que toutes les Facultez d'vn Enfant de deux mois, & toutes les
noſtres qui ne participent point de la Raiſon,
peuuent pourtant s'accouſtumer à certaines cho-

ſes & acquerir des habitudes ; il n'eſt pas neceſſaire que les Facultez d'vne Beſte ſoient raiſonnables, encore que nous y remarquions des
actions qui ſe font par couſtume & par inſtruction.

Ce fondement ſubſiſtant, & quand meſmes il
ne ſubſiſteroit pas , nous ne trouuerons pas beaucoup de difficulté aux obiections de Monſieur
de la Chambre. I'auois eſcrit que l'inſtructiõ des
Beſtes deſpendoit de la memoire & des images
des coups qu'elles auoient receus lors qu'on les
inſtruiſoit : que les images des commandements
& des menaces s'y meſloient auec celles la , &
que ces dernieres ne pouuoient eſtre excitées par
de nouueaux commandements , ou par quelque
autre objet, que les images des coups ne s'excitaſ-
ſent auſſi , & ne produiſiſſent le meſme effet
qu'auoient produit les coups meſmes: Et qu'enfin la couſtume leur rendoit cette action facile
& comme naturelle. I'ay prouué cela par vn
Chapitre entier qui eſt le neufieſme de mes Conſiderations. Monſieur de la Chambre obiecte
que quand ce que i'ay dit ſeroit vray, il faudroit que
l'imagination des Beſtes raiſonnaſt ainſi, que puis tel-
le choſe leur a autrefois cauſé du mal, celle-cy qui
ſe preſente luy eſtant ſemblable , doit auſſi cauſer
le meſme mal : Car les images des premieres leçons
& des coups qu'elles ont autrefois receus ſont diffe-
rentes de celles que l'Imagination forme alors, puis
que celles la ſont des choſes paſſées , & que celles cy
ſont & des choſes paſſées & des futures ; la menace
eſtant preſente, & les coups qu'elles craignent eſtant
à venir; de ſorte qu'il faut que l'Imagination vniſſe

l'image de la chose presente auec celle du passé qui luy est connuë, & que par celle-cy elle cognoisse celle qui est à venir. L'estime que Monsieur de la Chambre fait en diuers endroits de ce Raisonnement m'a obligé de rapporter tous ses termes. Deuant rien en conclure il nous eust bien fort obligés de prouuer autrement qu'il n'a pas fait que l'Imagination forme des Images, & qu'elle les forme differentes de celles des sens & de la memoire. Il deuoit aussi prouuer qu'elle en consi-dere, comme estants images des choses passées; qu'elle conçoit les futures, qu'elle vnist les phan-tosmes; & que del'vn elle conclut l'autre. En tout cela il ny a pas la moindre apparence de verité, & au lieu qu'en quelques autres raisonnements il insinue des erreurs par le moyen de quelques ve-rités : Icy il ne se sert pas de cet artifice, & ne combat qu'auec des Argumēts dōt pas vne pro-position ne se rencontre veritable. Pour en fai-re mieux iuger ie veux encore prouuer par l'ex-perience que sans aucun raisonnement, les ima-ges de la memoire meuuent l'imagination de la mesme façō que feroit l'obiet present. Vn Enfant s'esiouyt lors que la veuë du sein de sa nourrice luy renouuelle l'image du plaisir qu'il a eu à le tetter: cōme la veuë d'vn obiet semblable à quel-que autre qui luy a fait du mal l'esmeut à crier: Ce n'est pas qu'il raisonne, ny qu'il cognoisse les differences du temps, ny qu'il confere le present auec le passé: c'est la representation de l'image du plaisir passé, qui produit encore vne fois en l'ima-gination le mesme effet qu'elle y a produit autre-fois. Il ne faut point raisonner ny former aucu-

des especes de l'auenir pour nous obliger de rire
en nous souuenant de quelque bon conte. Vn
Homme vous aura autrefois fait du mal , & vous
le croyrez maintenant reduit en l'impuissance de
vous en faire, que vous ne laisserez pas pour cela
de sentir des mouuements d'auersion , toutes les
fois que vous le verrez, iusques à ce que le temps
ait affoibly les Especes du mal que vous en auez
receu. I'ay apporté ailleurs l'exemple de Cassan-
der a qui le souuenir d'Alexandre mort faisoit
dresser le poil, & qui ne pouuoit sans fremir en-
uisager sa statuë. Croyez vous que le tremble-
ment fust en luy l'effect de ce Raisonnement que
puis qu'Alexandre luy auoit autrefois fait du
mal; cette statuë luy estant semblable deuoit aussi
causer le mesme mal? Si vous ne le croyez pas
pourquoy voulez vous que les Bestes soyent obli-
gées de Raisonner ainsi, deuant que de sentir aucun mouuement en leur appetit? Nous auons appris de l'histoire des Schytes, que les Esclaues de
ce pays las'estants reuoltés contre leurs Maistres
les desfirent à force d'armes en plusieurs batailles.
Alors quelqu'vn qui cognoissoit bien la nature
de l'imagination, conseilla aux Maistres de faire
prouision de fouets , & les tenir cachez iusques
à ce que l'armée de leurs Esclaues fust preste de
ioindre la leur; puis de les mõstrer à l'impourueu;
ce qui causa l'effet que l'on en attendoit , & mit
en desroute ceux qui estoient inuincibles par
les armes. Il y a quelque chose de semblable
dans l'histoire moderne des Moscouites. Ceux
qui sont de nostre sentiment ne trouueront pas
estrãge, que des Esclaues à qui les coups de fouet

auoient autrefois fait beaucoup de mal en euffent
conſerué les images ; & ne s'eſtonneront pas que
l'imagination ait eſté ſurpriſe par cette veuë , &
que les Eſpeces du mal paſſé y eſtans renouuellées, ayent produit le meſme effet qu'autrefois.
Si deuant que de s'effaroucher ils euſſent eu le
le loiſir de raiſonner & conferer comme dit Monſieur de la Chambre l'image du paſſé auec la preſente , & par celle cy cognoiſtre celle qui eſt à
venir ; iamais ils ne ſe fuſſent eſpouuantés ; Et le
premier raiſonnement qu'ils firent, fut pour condamner leurs premiers mouuements, qui ne ſont
pas comme chacun ſçait en noſtre puiſſance, ny
ſouſmis à la iuriſdiction de la Raiſon. Il en eſt
de meſme de toutes les terreurs paniques ; Et il
eſt impoſſible qu'elles ſoient l'effet d'vn Syllogiſme , parce que l'on ny en ſçauroit faire, que l'vne
des propoſitions ne ſoit ſi euidemment fauſſe
que iamais il ne s'en formeroit de concluſion.
Si Caſſander euſt voulu conclure qu'il deuoit
trembler à la veuë des Statues d'Alexandre, il
n'euſt peu commencer qu'ainſi *ce qui reſemble à
Alexandre doit auſsi cauſer le meſme mal :* Mais
il n'euſt pas eſté plus auant pour la raiſon que
ie viens de dire.

En toutes ces rencontres,ce ne ſont ny les
obiets preſens ny les apprehenſions de l'auenir
qui meuuent la phanthaiſie , ce ne ſont que les
Eſpeces des coups receus. Mais dit Monſieur de
la Chambre , les coups ne ſont plus & *leurs images ſont des choſes paſſées.* Ie reſpons qu'encore
que les obiets dont elles ſont images ne ſoyent
plus , elles ne ſont pas paſſées pour cela. Elles

font permanentes en la memoire ; & il ne faut
point que l'imagination en forme d'autres puis
que celles la fuffifent. Il ne faut que les exciter
par quelque menace , & les reprefenter en la
phantaifie. Elles ne peuuent y eftre reueuës &
enuifagées, qu'elles ny produifent quelque effet
& le mefme effet qu'elles y ont produit autrefois,
puis que les mefmes caufes s'y rencontrent. Mais
direz vous, l'obiet qui eftoit prefent ne l'eft plus,
& par confequent il n'agift pas de la mefme forte qu'il agiffoit auparauant. Ie refpons qu'vn
obiet prefent ne fe communique à la Faculté que
par le moyen de l'Efpece qu'il enuoye à cette
faculté : de forte qu'à proprement parler il n'y
a que l'image ou Efpece qui meuue l'imagination. Ainfi cette mefme image qui eft referuée
en la memoire, ne peut derechef eftre communi-
quée à l'imagination qu'elle ne la meuue de la
mefme façon qu'elle la meuë autrefois ; parce
qu'il eft impoffible qu'vne mefme caufe fe trouuant dans vn mefme fuiet, ne produife le mefme
effet. Que fi l'obiet prefent nous meut l'appetit
d'ordinaire plus fortement ; ce n'eft pas qu'il
agiffe autrement fur la faculté que par fon image: Mais c'eft que fon image eft plus forte & plus
expreffiue lors qu'elle eft recente, s'affoibliffant
& s'effaçant auec le temps. Il eft donc certain
que l'obiet abfent agift fur l'appetit, comme lors
qu'il eftoit prefent ; & que comme eftant prefent
il remue l'appetit fans que le raifonnement y foit
employé ; il peut eftant abfent faire encore la
mefme chofe.

Vous defirerez peut eftre fçauoir fi l'imagi-

nation iuge que les Especes que la memoire luy
representent, sont des Especes d'obiets presents;
ou si elle cognoist que ce sont seulement des images de choses qui sont passées. Ie respons que
l'imagination ne cognoist ny l'vn ny l'autre. Elle
cognoist l'obiet present ; c'est à dire qu'elle en
reçoit l'image par les sens externes, sans faire cette reflexion qu'il est present ; Elle cognoist aussi
l'obiet qui est absent , c'est à dire qu'elle en reçoit l'image de la memoire, sans cognoistre ou
discerner qu'il est absent. Car l'absence n'a point
d'images non plus que les autres priuatiōs ; Ainsi comme la memoire ne la peut representer, l'I-
magination qui est vne faculté materielle ne la
peut point cognoistre. Elle ne peut non plus
conferer le passé auec l'auenir ; parce qu'elle ne
cognoist ny le temps ny ses differences. La connoissance du temps est vne des plus subtiles &
des plus difficiles, dont nostre Ame soit capable,
aussi est elle reseruée pour l'Entendement , comme ont fort bien prouué ceux qui ont expliqué la
definition du temps . & en quoy il differe d'a-
uec le mouuement. Monsieur de la Chambre
dit que l'imagination *ne cognoist pas les differen-*
ces des temps separées & abstraittes des choses: mais
qu'elle cognoist les choses auec les differences des temps
ou elles sont ; Ce qu'il prouue par vne raison que
nous examinerons ensuitte. Il faut premierement monstrer que les differences du temps ne
peuuent estre connuës de l'imagination, ny comme abstraittes de l'obiet ny comme confuses
auec luy. Cela sera clair si vous considerez que
ces differences n'ont en l'vne ny en l'autre façon

aucune image materielle, fans laquelle elles ne peuuent fe communiquer, ny fe faire cognoiſtre à vne faculté materielle comme eſt l'imagination, Si ie difois que mes yeux voyent vne ame non pas feparée du corps, mais conioincte auec le corps; vous me refuteriez en difant, qu'vne Ame n'ayant point d'images materielles qu'elle puiſſe ioindre à celles du corps, elle ne peut eſtre connuë par vne faculté materielle ny feparement ny conioinctement: Ie dis la meſme choſe des differences du temps. Secondement puis que par voſtre adueu, les Beſtes ne cognoiſſent le temps, qu'auec les choſes auſquelles ſes differences font conioinctes; il eſt euident qu'elles ne cognoiſſent iamais le temps futur; car elles ne peuuent le cognoiſtre, qu'elles ne cognoiſſent la choſe auec laquelle il eſt conioint. Or eſt-il que pour la cognoiſtre il faut qu'elle ſoit preſente, mais lors qu'elle fera preſente, le temps qui luy fera conioint, ſera vn temps preſent, & ne ſera plus futur. Ainſi les Beſtes ne peuuent point cognoiſtre l'auenir puis qu'elle ne cognoiſſent pas encore les choſes qui font à venir, & qu'elles n'en ont point d'images, ny par le moyen des ſens, ny par celuy de la memoire. Ie n'entends pas bien ce qu'il adiouſte que *les Beſtes cognoiſſent les differences du temps paſſé & du preſent eſtant pourueuës de la memoire pour celles là, & des ſens pour celles-cy.* Il ſe peut vanter qu'il eſt le premier qui a mis le temps entre les obiets ſenſibles. Ariſtote ne s'en eſt point auiſé, ny de conuaincre par les ſens, ceux qui ont nié l'exiſtence du temps & qui ont dit qu'il n'y auoit point de temps pre

sent. Cette difference n'est conceuë que comme
vn moment indiuisible, qui n'ayant ny extension
ny images, ne peut estre l'obiet d'aucun sens.
Ie ne nie pas que les sens ne cognoissent le mouuement qui se fait au temps present : seulement
ie nie qu'ils connoissent le temps auquel ce mouuement se fait ; ou bien il faut se figurer vne
connoissance sensible, qui ne se fasse pas par l'entremise des images. Ainsi pour auoir de la memoire on ne cognoist pas le temps passé. On se
se souuient bien ; c'est à dire on conserue l'image
de ce qui n'est plus : Mais on n'a pas d'images qui
fassent cognoistre que cela n'est plus , ny qui
puissent representer vne negation d'estre. Secondement la memoire sensuelle n'a d'images que
celles qu'elle a receuës, par les sens , lors que l'obiet estoit present : De sorte que n'en ayant iamais receu du temps, lors qu'il estoit present, elle
n'en peut point acquerir de celuy qui est passé.
Il faut pour cela des abstractions toutes pures
qui sont reseruées à l'Entedement , comme Monsieur de la Chambre le confesse. Pour le troisiesme i'ay monstré cy dessus & le feray voir encore cy apres que les Especes d'vn obiet absent &
d'vn mal passé, font le mesme effet sur l'imagina-
gination que si l'obiet estoit present , & qu'elle
ne fait aucune consideration du temps. Cela
nous est vne forte preuue qu'elle n'en cognoist ny
n'en discerne point les differences : Car si elle
cognoissoit que les choses passées sont passées;
elle ne s'effrayeroit pas si fort de leurs images, & cognoistroit qu'elles ne sont plus à craindre. Il n'y a que l'Entendemét qui le puisse cónoi-

ſtre ny qui puiſſe retenir vne imagination eſ-
meuë par les Idées des choſes qui ne ſont plus.
I'expliqueray ailleurs comment cela ſe fait. Ie
ne veux que reſpondre icy à ce qu'il nous obiecte
que les *Beſtes deſirent , elles eſperent , elles craignent
& que toutes ces paſſions ſuppoſent le bien & le mal
à venir.* Ie reſpons que Monſieur de la Chambre ne parle pas ſainement lors qu'il dit que les
Beſtes eſperent. Ie prens cette liberté de ce qu'il
a eſcrit ailleurs que *pour parler ſainement, il n'y a
que l'Homme ſeul qui eſpere : que tout le reſte des
Animaux, n'a qu'vne ombre de l'Eſperãce non plus que
de la Raiſon.* Depuis ce temps la les actions des
Beſtes n'ont point changé de nature : Et il ne ſied
pas bien à vn Philoſophe de faire paſſer pour
verité , ce qui n'en eſt que l'ombre & l'apparence
Il auoit eſcrit auparauant *que l'Homme à l'entendement & la Raiſon par deſſus les autres Animaux :*
Et en ſon dernier voulume il teſmoigne eſtre encore de la meſme opinion ; n'ayant perdu aucune occaſion de l'inſinuer : De ſorte que i'ay eu
peine à croire que le liure fuſt du meſme Autheur , qui en a eſcrit la preface , & le Traitté
qui eſt à la fin , parce qu'en effet ie n'y trouue
rien de conforme que la beauté du langage.

Pour ce qui eſt de la crainte des Beſtes , il n'y
a pas grande difficulté : car il faut ſçauoir qu'il
y a deux ſortes de crainte. L'vne eſt vn effet
du raiſonnement , & de la conſideration de ce
qui n'eſt pas preſent à nos ſens , mais que nous
inferons nous deuoir arriuer. Celle-la ne ſe rencontre point aux Beſtes : mais il y en a vne autre que nous appellons plus proprement peur ou

frayeur, de laquelle tous les Animaux font capables ; & pour cela il ne faut point cognoiſtre
l'auenir: car nous auons peur des obiets preſents
& meſmes de ceux qui ſont paſſez pourueu que
les images en ſoient preſentes. Vn Homme qui
ſera dans vn clocher, & qui ſera entourné de
gardecorps, ſentira vne frayeur en regardant en
bas, encore qu'il ne craigne pas d'y tomber; & que
s'il a de la crainte, elle ne ſoit pas vn effect du raiſonnement, ny de la connoiſſance de l'auenir. De
meſme vn Homme qui ſera eſchappé du danger
de quelque precipice, n'y pourra repenſer ſans
fremir, & ſans reſſentir tous les effets que la
crainte a couſtume de cauſer. Quelques vn ſont
morts diſent les Hiſtoires, pour auoir conſideré
de iour, les lieux où ils auoient heureſtment paſſé de nuict. Ce n'eſt pas qu'ils ſongeaſſent au
temps à venir, ny qu'ils le conferaſſent auec le
paſſe. L'imagination qui agiſt toute ſeule en
ces occaſions, ne cognoiſt point les differences
du temps. I'ay deſia dit que ſi elle les cognoiſ-
ſoit elle ne s'epouuanteroit pas de ce qui eſt paſſé
& qui ne doit iamais arriuer : par ou vous voyez
que celle des Beſtes peut bien ſouffrir toutes les
eſmotions qu'aporte la crainte, ſans auoir aucune connoiſſance de l'auenir.

De meſmes il y a deux ſortes de deſirs, dont
l'vn preuient le raiſonnement & le diſcernement
des temps. Vn ieune Homme d'inclination amou-
reuſe, & entierement abandonné à cette paſſion,
n'a pas beſoin de raiſonnement pour ſe ſentir eſ-
meu en ſon Appetit & eſchauffé en ſes deſirs; en
voyant ſa Maiſtreſſe ou quelque autre parfaicte,

ment belle femme. Vn Homme offensé ne peut
voir son ennemy sans resentir le desir de la ven-
geance. Il en est de mesme de la veuë de l'ar-
gent à vn auaricieux & de la veuë du pain à vn
affamé. Ces desirs sont de premiers mouuements
qui ne despendent point de la Raison , parce
qu'ils la preuiennent & toutes ses considerations.
C'est de cette sorte que les Bestes desirent sans
raisonner & sans conferer le temps passé le
present & l'auenir.

Monsieur de la Chambre s'offre en suitte *de ne
laisser aucune obscurité en cette matiere , & de monstrer que l'on ne peut s'accoustumer à aucune chose sans
y employer la raison* qui est ce que i'ay desia resuté.
Pour faire voir ce qu'il auoit dit il suppose que
*la coustume se forme, par plusieurs actions qui laissent
dans les puissances vne facilité a operer : que cette
facilité consiste ou en vne qualité qui demeure en les
organes; ou dans vne connoissance plus parfaitte que
l'Ame s'est acquise par des images plus expressiues,
laquelle fait vne plus forte impression sur l'Appetit & sur la vertu motiue : qu'il luy est indifferent de qu'elle façon la chose se fasse : qu'il faut
seulement sçauoir que la memoire y est necessaire.*
Ie ne trouue presque rien a redire en ce dernier discours; Et il m'est aussi indifferent qu'à luy
quel sentiment on ait de la coustume : Car si ce
n'est qu'vne Espece grossie dans la memoire par
diuerses connoissances , elle peut bien s'acquerir
par de simples conceptions & sans raisonnement.
De mesme si c'est vne qualité inherente dans les
organes, il est euidét que c'est l'exercice & vn mouuement exterieur qui leur a imprimé , & non pas

le raif   e ent. Cependant il eſt bon de ſçaꝰ
uoir que toutes les habitudes acquiſes ne ſont
pas de meſme gente. Celles qui ſont purement
ſpeculatiues, ne ſont que certaines images, qu'vne
connoiſſance reiterée a renduës fortes & perdu-
rables. Mais pour les actions practiques & corporelles, il faut outre cela, qu'il s'imprime vne
qualité dans les organes, qui en facilite l'operation , & mette en exécution ce que les idées de
l'Eſprit luy repreſentent. Ie l'ay fait voir cy
deſſus en monſtrant que pour la practique de bien
peindre, il ne ſuffit pas d'auoir en l'eſprit vne parfaite idée de ce que l'on veut repreſenter. Tel en-
ſeignera à iouër d'vn inſtrument & à danſer parfaitement bien, qui ne ſçauroit le pratiquer que
fort mal. Et en tous les Arts ſi l'exercice n'eſt
ioint à la connoiſſance , on ſçaura tout ce qu'il
faut faire ſans le pouuoir mettre en practique.
Quand vn Maiſtre Eſcriuain tient la main d'vn
Enfant & qu'il la dreſſe à bien eſcrire; Il n'a pas
deſſein de luy faire comprendre par cette action
qu'elle eſt la figure des characteres. Cela ſe
connoiſt beaucoup mieux pa la veuë. Ainſi le
Maiſtre ne tient la main de l'Enfant   r imprimer à cette main, l'habitude de ſe conformer
aux characteres dont l'Eſprit s'eſtoit deſ-ja acquis
vne parfaite connoiſſance par la veuë : Et cette
couſtume s'aquiert ſans que la memoire y contribuë. Ie pourrois bien monſtrer plus clairement encore que la memoire n'eſt pas neceſſaire
pour toute ſorte d'habitudes. Elle eſt fort invtile
à celle qu'ont les Crocheteurs de porter de peſants fardeaux. Cette force qui n'eſt qu'vne ha-

bitude leur demeureroit quand mefme ils auroyent perdu la memoire. Et nous fçauons par
experience que les Enfants fe forment à certaines
coutumes deuant qu'auoir l'vfage de la memoire.
I'auoüe pourtant bien que cette Faculté eft neceffaire pour diuerfes actions que font les Beftes.
I'auoüe encore ce que dit Monfieur de la Chambre que *le bien ou le mal qui leur eft arriué demeure*
dans leur memoire, & les obligo en de pareilles ren-
contres à reïterer les mefmes actions. Mais Ie n'a-
uoüe pas que ce foit, *fur l'efperance & fur la crain-*
te que le mefme mal leur arriuera. Et les exemples
qu'il apporte des Chiens qui fe fouuiennent
des coups & des menaces , des carreffes & du
bon traittement, du bien & du mal qui leur arri-
uent quelquesfois par hazard; ces exemples dife
ne prouuent rien que la memoire des Beftes , &
que le fouuenir qui leur refte, les porte à faire les
mefmes actions. Mais en tout cela nous ne
voyons aucune preuue de raifonnement ny d'efperance , & nous ne fommes pas obligez d'en
recognoiftre iufques à ce que l'on nous ait perfuadé que ces actions ne fe peuuent faire fans
conferer le paffé auec l'aüenir. Il ne faloit pas
fe contenter de le dire : il falloit prouuer cette
opinion par des Arguments inuincibles. Mais
pour nous qui tenons la partie negatiue , & qui
ne fommes que deffendeurs en cette inftance ; il
nous fuffiroit de pouuoir dire, qu'en tous ces exemples il n'eft pas neceffaire de reconnoiftre du
raifonnement ; Et ce n'eft que pour marque
de la furabondance de noftre droit que nous
monftrons le contraire. Au refte i'ay efté fort

satisfait de voir que Monsieur de la Chambre
fasse icy le mesme iugement du Chien dont parle Plutarque, que i'en auois desia fait en mes Considerations, & qu'il recognoisse que l'histoire en
peut estre suspecte; que d'ailleurs il falloit que ce
Chien se souuint, que la mesme chose luy estoit
arriuée.

; Que les Bestes ne parlent point.

CHAPITRE XVIII.

Eaucoup de personnes m'ont de-
mandé ce qu'il faudroit qu'vne
Beste fist pour me persuader qu'elle raisonne. Ma premiere response a tousiours esté qu'il faudroit
qu'elle me le dist, & qu'elle raison-
nast auec moy: Et que si elle raisonnoit elle ap-
prendroit à parler le langage des Hommes. Ne
croyez pas qu'il n'y ait que l'indisposition des
organes qui les en empesche : Car leurs organes
ne sont pas si differents des nostres que vous
pourriez vous le figurer. Ils ne different pas
plus des nostres que les nostres different des leurs:
Ainsi puis que les plus stupides de tous les Hommes imitent si facilement ce que vous appellez
la parole des Bestes; rien ne les doit empescher
d'apprendre & d'imiter la nostre. D'ailleurs les
Oyseaux

Oyſeaux dont les organes ſe plient à la prononⁱ
ciation de nos mots & de toutes ſortes de lanⁱ
gues; Ceux là diſ je s'en deuroyent ſeruir pour
raiſonner auec nous, & pour nous demander
leurs neceſſitez. Les autres deuroyent du moins
Inuenter des geſtes ſignificatifs, auſſi bien que les
muets, pour nous communiquer leurs penſées.
Et puis qu'ils ne le ſont pas; c'eſt vn ſigne qu'ils
ne parlent ny ne raiſonnent. Ie l'ay monſtré
plus au long en le douzieſme Chapitre de mes
Conſiderations où vous verrez que i'auois preue-
nu toutes les obiections de Mõſieur de la Chābre;
Il dit *que ie ſuy ay donné des armes pour me combatre,* 70.
& qui me feront confeſſer que les Beſtes ont de là
Raiſon : que tout le monde eſt d'accord qu'elles ſe
communiquent leurs penſées : qu'il faut eſtre extrê-
mement ſtupide pour ne remarquer pas qu'elles ſe
ſeruent de la voix pour faire connoiſtre leurs deſirs;
qu'elles ont des cris differents ſelon les diuers deſſeins
que le plaiſir ou la douleur, l'Eſperance ou la crainte
leur inſpirent. Deuant qu'aller plus auant, il faut
eſtablir l'eſtat de la queſtion, & expliquer en
quel ſens les Beſtes communiquent leurs penſées,
& ſi cette communication eſt vne meſme choſe
que la parole. Si nous ne prenions le mot de
penſée qu'au ſens que nous diſons qu'vn Homme parle contre ſa penſée; c'eſt à dire contre le
iugement & l'approbation de ſon Entendement;
il ſeroit certain que les Beſtes n'auroyent point
de penſées, & n'en pourroient point communiquer. Ce terme ſe prend auſſi pour la Faculté
qui penſe; comme lors que nous diſons que nous
auons quelque choſe en la penſée. Il ſe prend

plus proprement pour l'image ou pour le phan-
tolme ; & plus proprement encore pour le difcernement que la Faculté en fait , & pour l'attention qu'elle y apporte, d'ou vient que nous parlons quelque fois en penfant ailleurs, & fans pen-
fer à ce que nous difons.   Toutes ces fortes de
penfées ne s'eftendent point au dehors: Elles font
neantmoins   dittes eftre communiquées lorsqu'elles fe manifeftent par quelque figne exterieur, dont les images eftants communiquées
& portées en l'Efprit d'vn autre , y excitent &
font naiftre de femblables penfées à celle que
nous auons.   En ce fens là nous communiquons
noftre penfée aux Beftes : Elles nous communiquent auffi la leur par de certains mouuements
naturels qui nous font connoiftre leurs paffions.
Cependant toute communication de penfée n'eft
pas vne parole. Et la parole n'eft pas tout ce
qui marque vne penfée.   C'eft vn figne d'inftitu-
tion : Ie veux dire que c'eft vne forte de voix ou
de gefte qui n'eft pas naturelle , & qui n'a autre
fignification que celle qu'on luy a impofée par
accord & confentement fait entre ceux qui s'en
feruent.   Les Perroquets proferent bien quelques vnes de nos paroles: Cependant ils ne parlent pas, parce qu ils ne s'en feruent pas pour exprimer les penfées , dont nous auons voulu que
ces paroles fuffent fignes. Ie diray vn mot Fran-
çois, qui fe rencontrera auoir vn autre fens au
langage des Bafques , que pour cela ie ne parleray pas Bafque , par ce que ie ne m'en fers
pas aux fens que ces gens là ont couftume de
l'employer : Ainfi les Perroquets ne parlent pas

le langage des Hommes. Ie dis bien plus, c'eſt
que ny eux , ny les autres Animaux ne parlent
point du tout , parce que la diuerſité qui eſt en
leurs voix vient de la Nature & non pas d'inſtitu-
tion. Secondement ils expriment leurs paſſions
par cette diuerſité , ſans auoir aucune intention
de l'exprimer. De ſorte que noſtre queſtion
n'eſt pas ſi les Beſtes font connoiſtre leurs penſées & la diuerſité de leurs paſſions par la voix,
ou par quelques autres ſignes; parce que nous en
demeurons d'acccord: mais nous nions qu'elles
ſe ſeruent de ces ſignes à deſſ ind exprimer leurs
penſées,& qu'elles ſçachent que ce ſont ſignes, &
moyens pour ſe faire entendre. I'ay monſtré,
ailleurs qu'elles n'eſtoyent pas capables de cette
connoiſſance. Et Monſieur de la Chambre eſt
fort mal fondé lors que pour conclure qu'elles
ont ce deſſein,il dit, *quelles ont des cris & des ac-*
cents differents que les diuerſes paſſions leur inſpi-
rent. Il luy faut faire voir que cette diuerſité
peut arriuer ſans deſſein , & eſtre vn effect tout
pur de paſſion. Nous le ſçauons bien certainement par nos experiences , & ſçauons qu'vn
Homme qui ſent de la douleur, ſe ſent auſſi forcé
à ſe plaindre. Il ne s'en peut empeſcher quand
meſme il n'a aucun deſſein de ſe faire entredre,ou
qu'il ſe ſçait eſtre en lieu où les plaintes luy ſont
inutiles. Vne perſonne triſte , & qui a intereſt
de cacher ſon chagrin,ſe trahiſt bien ſouuent par
des ſouſpirs. Certaines filles ont deſcouuert
par des gemiſſements inuolontaires ce qu'elles
auoyent diſſimulé pendant les neuf mois de leur
groſſeſſe. Ie ſçay des Hommes qui eſtans ſeuls,

esclattent de rire toutes les fois qu'ils sont surpris
par la veuë de quelque obiect agreable : D'autres
ne s'en peuuent bien souuent reten r quelque intention qu'ils ayent de contrefaire les tristes. Il
y en a qui iettent des cris dans vne surprise, qui
ne crieroyent pas, si on leur donnoit le temps de
former quelque dessein. Vous voyez bien par
la, qu'encore que dans les diuerses passions il se
rencontre diuersité de voix , il ne se rencontre
pas tousiours du dessein ny de l'intention. Ces
cris differents sont des effets naturels qui suiuent
si immédiatement les passions, qu'ils preuiennent
toutes sortes de raisonnemēt. Ils peuuēt dōc bien
n'estre pas plus raisonnables dans les Bestes : Et
ie n'eusse iamais creu que l'on se fust serui des effets immediats de la passion, pour en inferer la
Raison   Quoy que c'en soit, il est constant que
les Bestes peuuent bien ietter des cris de ioye
lors qu'elles ont trouué quelque pasture ; ou en
ietter de tristesse lors qu'elles sont attaquées par
leur ennemy & qu'elles ont besoin de secours. Il
est aussi certain qu'elles peuuent ietter des sous-
pirs amoureux , ce que Monsieur de la Chambre
nomme *s'entrappeller lors qu'elles sont en amour*, sans
qu'en cette difference de cris & d'accens il se
trouue aucune intention de faire connoistre leurs
desirs, ny aucun pretexte d'excuser ceux qui disent que les Bestes parlent En effect si c'estoit
parler que de diuersifier sa voix selon la diuersité des passions; tous les muets parleroient : Car
nous cognoissons à leurs voix s'ils sont tristes,
s'ils sont ioyeux & s'ils sont en cholere. Et afin
que vous ne pensiez pas qu'ils en vsent ainsi auec

deſſein; conſiderez s'il vous plaiſt, que tous ceux qui ont la liberté de la voix, ne ſont muets qu'a cauſe, qu'ils ſont abſolument ſourds de naiſſance & qu'ils n'ont iamais diſcerné aucun ſon. Or eſt il que ceux là ne ſçauent point s'ils ont vne voix où s'ils n'en ont pas, & ne peuuent pas ſçauoir que les paſſions s'expriment par la. Ils ne laiſſent pourtant pas de faire diuers cris, & de vous faire cognoiſtre par la, qu'elle eſt la diuerſité de leurs deſirs : Il eſt donc vray qu'vn Animal peut manifeſter ſa paſſion ſans auoir deſſein de la manifeſter & ſans connoiſtre les moyens qu'il y employe. L'exemple des Enfants eſt encore plus propre que tout cela, pour vuider toutes les difficultez qui ſe rencontrent en cette matiere. Vn Enfant naiſſant crie ſans auoir intention de nous communiquer ſa penſée. Il rit quelque temps apres, ſans auoir deſſein de nous faire part de ioye: Il a dôc des accès de voix fort differents auant que d'auoir la parole. Les Beſtes parlent de la meſme ſorte : Elles ont de certains cris lors qu'elle ſont en Amour qui ne viennent que de l'agitation des Eſprits qui forme cette voix ſans deſſein, comme elle fait quelques autres mouuements inuolontaires dans les parties qui ſeruent à l'Amour. Les Beſtes gemiſſent quand elles ſentêt du mal, côme fait vn Enfant naiſſant, & côme fait vn muet que l'on a battu, ſans ſonger de faire venir perſonne à leur ayde. Ainſi les Loups & les Moineaux qui trouuent de la paſture, font des cris de ioye, qui ſont de purs effects de cette paſſion, & non pas de leur charité, ny de l'amitié qu'ils ont les vns pour les autres.

91 Monsieur de la Chambre rapporte que *les vns
& les autres diuersifient leurs voix selon la nature
de la chose qu'ils ont rencontrée:* Il ne veut pourtãt
pas l'asseurer. Pour moy ie trouue cela fort
vray semblable : Car puis que parmy diuerses choses, qui seruent de pasture aux Animaux
les vnes sont plus agreables que les autres ; elles
excitent aussi de differents degrez de ioye, & les
effects en doiuent estre differents. Il apporte
en suitte l'exemple d'vn Chien enfermé, ou ie ne
trouue rien qui me persuade que *ce Chien veut
faire paraistre par ses cris differents les diuerses passion que la captiuité luy cause.* Vn Enfant qui se
sent gesné en son berceau fait des cris aussi differents, sans que la volonté & le dessein y ayent
aucune part. Et nous ferons voir vn muet qui
est sourd de naissance, & qui ne sçait point auoir
de voix, qui cependant ne laisse pas de gemir &
de faire des cris effroyables, lors que son Pere le
fait enfermer pour le chastier de quelque faute.
Toutes ces diuersitez ne sont dans vn Chien que
des effects de tristesse & de desir, & quelquesfois de la memoire des coups qu'il a receus en de
pareilles rencontres, sans qu'il ait dessein d'adres-
ser sa voix à d'autres Chiens, qui aussi bien ne
luy peuuent pas ouurir & qui ont trop de haine
pour le vouloir faire.

Ie ne m'arreste point à ce qu'il dit des poussins
parce qu'il en parlera encor cy apres, ou nous
examinerons ce qu'il dit de Tyresias & de quelques autres qui entendoyent le langage des Bestes.
Il adiouste icy que *nous pouuons les imiter & nous
entretenir auec les Oyseaux : qu'on le fait quand on*

les prend à la pipée, en contrefaisant leur chant &
leurs accens. Ie respons que nous ne parlons
aux Bestes que de la mesme façon que les Nour-
rices parlent aux Enfans. Elles imitent leurs
voix, excitants par la de differentes passions en
leur Appetit , & leur communiquants leurs pensées sans qu'ils sçachent parler.

Ce n'est pas *seulement dit-il auec la voix qu'elles* 72
font entendre leurs conceptions : le regard , la mine,
& le geste leur seruent encore au mesme dessein.
Toute la difficulté n'est qu'en ce mot de dessein
parce que nous croyons que c'est sans dessein
de menacer, *qu'vn Chien monstre les dents qu'il*
fait herisser son poil & qu'il regarde de trauers ce-
luy qui l'attaque. Nous sçauons qu'vn Homme en colere fait les mesmes choses sans auoir
intention de les faire: & que ce sont des effects
de sa passion ou la Raison & le dessein ne participent point du tout. De mesmes ce que Monsieur de la Chambre appelle les postures carres-
santes d'vn Chien & ses mouuements flatteurs
ne sont que des effects naturels de la ioye qu'il a
de voir son Maistre, sans auoir dessein de luy
tesmoigner. Ie l'ay monstré bien au long en mes
Considerations , que ie vous prie de lire , si
vous desirez auoir vn plus grand esclaircisse-
ment sur cette matiere.

Il conclut que *si les Bestes communiquent leurs* 73
pensées il faut qu'elles s'entretiennent & qu'elles
raisonnent ensemble. Il veut en suitte monstrer
cette consequence en disant; *qu'elles ne font point*
connoistre leurs intentions , pour se donner ou pour
se demander secours , sans former vn raisonnement

L iiij

73 parfaits: Qu'il y a tant de diuers iugements à faire en ces rencontres tant de consequences à tirer, tant de progres que l'Ame fait des causes à leurs effects des signes aux choses signifiées, & des biens ou des maux presents à ceux qui sont passez & à venir qu'il est impossible qu'on ny trouue la forme & la liaison du discours. I'ay expliqué cy dessus en quel sens les Bestes se communiquoyent leurs pensées & comment cela se pouuoit faire sans Raisonnement: Et ie ne voy pas que monsieur de la Chambre ait rien obiecte icy, que ie n'aye destruit au Chapitre precedent. Il apporte l'exemple d'vne Poule, qui ayant trouué quelque grains appelle ses Poullins pour leur en faire part. Il adiouste qu'ils viennent a elle ; qu'ils caquettent ensemble qu'elle ne fait que becquetter les grains : Et nous demande, si nous ne croyons pas qu'elle ait dessein de les nourrir, & qu'eux mesmes comprennent la chose qui leur est signifiée par cette voix, & qu'ils esperent de trouuer le bien qu'elle leur a annoncé ; Et si tout cela se peut faire sans discours puis qu'vn Homme qui feroit de semblables choses seroit estimé raisonnable? Nous auons cy dessus respondu à cette demande en monstrant que tout cela se faisoit par Instinct, Il se promet que nous dirons sans doute

74 que les Animaux parfaicts raisonnent ensemble. Mais que nous le nierons de ceux qui n'ont point de voix. Il replique à cela que la plus part ont vn

75 son particulier par lequel ils font paroistre leurs passions. Qu'ils se font entendre par le geste & par le mouuement aussi bien que les autres Animaux. A la verité si les Chiens parlent, les Poissons parlent aussi : Et nous auoüons que tous les Animaux

raifonnent les vns comme les autres. Au refte nous ne fommes pas de fi facile compofition que Monfieur de la Chambre fe l'eftoit perfuadé. On ne partage le different que dans les mauuaifes caufes, ou dans l'inpuiffance d'en fouftenir de bonnes : Nous n'en fommes pas encore là. Il nous dit apres tout , que *quand les Beftes ne fe communiqueroyent pas leurs penfées il ne faudroit pas conclure qu'elles ne raifonnent point.* Et nous demande *fi elles ne peuuent pas raifonner en elles mefmes ; & fi vn Homme qui feroit feul, ou qui feroit priué de l'vfage des organes par lefquels il fe peut faire en-ĕdre feroit pour cela priué de la Raifon?* Nous refpondons que fi les Beftes n'auoyent iamais conuerfé auec nous, il y auroit quelque pretexte à nous obieéter l'exemple d'vn Homme qui feroit feul. Secondement i'ay monftré au commencent de ce Chapitre, qu'il ne tient pas aux organes que les Beftes ne parlent à nous. Pour le troifiefme quand elles feroyent priuées des organes de la parole; elles deuroyent y fuppléer par l'inuention des geftes fignificatifs;comme font les muets qui nous empefchent bien par là,de douter de leur Raifon. Nous en connoiffons dans noftre voifinage, qui expriment par geftes,à ceux qui viuent auec eux, tout ce qu'ils pourroient faire par le moyen de la parole. En effeét comme la Raifon n'eft qu'vne parole interne, la parole externe en eft infeparable ; Et fi la Nature auoit donné l'interne aux Animaux elle leur auroit auffi donné les organes pour la pouuoir exprimer. Ie conclus par la que les Beftes ne parlent point, & quelles ne comprennent point la fin des moyens par lesquels elles s'expriment. Il se peut pourtant mouuoir la dessus vne question d'importance : Car si certaines Bestes accourent au cry, que d'autres font, il faut dira t'on, qu'elles comprennent que ce cry est vn moyen, & qu'elles cõnoissent que l'on ne s'en sert que pour les appeller. A quoy on peut adiouster ce que dit Monsieur de la Chambre *qu'vn Chien verra dans le front d'vn Dogue s'il peut en seureté s'aprocher de luy, & s'il est en humeur de se iouër.* Ie commence par la, à respondre, qu'encore qu'vn Chien ne iuge point qu'vn autre soit en colere; il ne laisse pas d'estre estonné & intimidé par les Characteres de colere, qui paroissent dans le front & dans les yeux d'vn autre. Si vous allez voir vn Homme en intention de rire auec luy, & que vous luy trouuiez les yeux en feu & le visage de trauers ; cette veuë vous surprendra & vous arrestera, auant que vous ayez le temps de raisonner, ou seulement de iuger que vostre amy est en colere. Il y a des Hommes de qui l'humeur a beaucoup plus de douceur que la mine : Vous l'aurez ouy dire à ceux qui les frequentent; vous l'aurez mesme esprouué en parlant à eux ; que vous ne laisserez pas pour cela de sentir quelque retenuë lors que vous voulez les aborder la seconde fois. Cela n'est point vn effect de vostre iugement ; ny ce que vous conseruez tousiours quelque respect pour vn Homme de bonne mine, encore que vous sçachiez bien que l'interieur ne respond pas à l'apparance. Si vous voyez aussi qu'vn Comedien ou quelque autre, que vous sçauez estre de basse condition

soit fort bien vestu, son habit vous rendra
pour quelque temps & vous empeschera de parler à luy auec tant de mespris. Ce n'est pas que
l'habit vous fasse conclure en cette rencontre
que vous luy deuez de l'honneur. Vn Enfant
crie lors qu'il en voit crier vn autre : Il en fait
de mesme, si sa Nourrice luy monstre vn visage
seuere; sans iuger neantmoins par la quelle est de
mauuaise humeur ou qu'elle le menace. Il suffit
que ce geste luy est extraordinaire, & que tout
ce qui est extraordinaire estonne l'Imagination
& la fasche.   D'ailleurs toutes les passions sont
contagieuses. Il ne faut qu'vne personne triste
en vne compagnie pour rendre tout le reste de
mesme humeur. Et comme la ioye fait chanter
& danser sans dessein ; ainsi les chansons & la veuë
de la danse resiouyssent, & excitent la mesme
passion qu'elles ont accoustumé d'exprimer.
Tout cela se fait en nous sans discours & sans
raisonnement: partant ie ne trouue point estrange
que les postures folastres d'vn Chien en fassent
faire de semblables à vn autre , ny que l'herisse-
ment du poil le rebutte, sans luy faire connoistre
qu'il y a de la colere au dedans, qui se manifeste
par cette marque. Toutes les causes naturelles ont
la vertu d'agir sur leurs obiets sans leur faire connoistre qu'elles agissent. Tous les obiects agreables ont la vertu d'exciter l'Appetit sans qu'il soit
besoin de l'interuction de la Raison. Et toutes les
voix naturelles ont aussi vne vertu naturelle d'exciter les passions. Nous ne le remarquons pas seule-
mét aux Enfants que l'on fait rire quand on leur
rit ; Nous remarquons en nous mesmes ce que

peuuent fur nos paffions le Chant, le Ris, les
gemiffements & les foufpirs. Il y a des airs de
Mufique qui nous endorment & qui nous affli-
gent malgre nous; D'autres nous refueillent
l'Efprit, & nous forcent à la ioye. Il y en a
qui incitent à la danfe & à l'amour. Apres cela
ie ne m'eftonne plus fi les foufpirs amoureux d'v-
ne Belle excitent l'amour dans vne autre, fans la
faire raifonner, & fans luy faire iuger qu'il y a de
l'amour. Ie ne trouue plus eftrange qu'vn cry
de ioye attire vn Animal & le force de venir
du cofté qu'il entend ce cry, & que fes facultés
foiét attirees par la vertu aimantine de fon obiet.
Secondement la couftume y peut auffi contribuer; car comme il arriue à vn Moineau ou
à vn autre Oyfeau de rencontrer du grain en
abondance; la veuë de tant d'obiets agreables
luy fait faire les cris de ioye defquels nous auons
parlé: Ainfi l'efpece du grain & celle du cry fe
ioignent & s'enchaifnent dans la memoire; Et
l'vne ne peut eftre renouuellée par le cry femblab-
le d'vn autre oyfeau que l'image du grain ne fe
renouuelle auffi, & qu'elle ne l'emporte du cô-
fté qu'il entend la voix. Dés que vous auez ac-
couftumé vn Enfant à vn certain nom, vous
luy faites tourner la tefte en l'appellant, & cela
luy arriue deuant qu'il ait l'ufage de la Raifon.
On a remarqué qu'il n'y a point de bruit qui ef-
ueille vn Lethargique comme ce uy que l'on fait
en prononçant fon nom. Si le premier Homme
qui paffera en la ruë s'entend nommer; il tour-
nera la tefte auant que d'auoir le loifir de raifonner: Et i'ay efcrit ailleurs que l'on auoit defcou-

uere des Espions par cette surprise, encore
qu'ils eussent pris vn autre nom, & resolu de bien
cacher le leur. Pensez vous quedeuant se de-
stourner ils fissent *tant de diuers iugements,*
tant de progres de la cause à l'effet, du signe à la
chose signifiée & tant d'autres consequences que
vous en attribués aux Bestes? ou bien pourquoy
voulez vous qu'elles ne se remuent qu'à force de
Syllogismes; & que deuant qu'estre attirées par
par vne voix qui leur est familiere, il leur faille
faire plus de vingt cinq raisonnements. Pour le
troisiesme ie soustiés, qu'il n'y a point d'Inconuenient de dire que cette intelligence mutuelle qui
se rencontre entre les Animaux de mesme espece, procede entierement de l'Instinct, au sens
que nous l'auons expliqué cy-dessus.

Ainsi il ne me reste que de respondre aux exemples de Tyresias, de Melampus & d'Appollonius qu'apporte Monsieur de la Chambre. Il deuoit y ioindre celuy de ce ieune Esclaue qui vi-
uoit du temps de Porphyre, & qui entendoit
tout ce que disoient les oyseaux: Ce n'estoit
quasi que des propheties; mais sa Mere craignant
quelque accident, luy pissa dans les oreilles & luy
fit perdre cette intelligence. L'Histoire de Tyresias, ne se trouue que dans la Fable & a quelque
chose de plus merueilleux. Il desaccoupla deux
serpents ce qui le changea en Femme, puis encore en Homme. Il fut en suitte iuge d'vn different, & l'ayant decidé contre l'esperance de Iu-
non; il en fut aueuglé: Mais Iuppiter luy donna
pour recompence, d'entendre le langage des Oyseaux. Pour Melampus il suffit de dire qu'il a

vescu encore plus auant que Tyresias en l'Antiquité fabuleuse ; car il estoit Bisayeul d'Amphiaraus, à ce que nous raconte Homere. Il faut qu'vne cause ait grand besoin d'appuy, lors qu'elle se sert d'authoritez si descriées. Ce que l'on dit d'Appollonius ne m'est pas moins suspect. Pour en cognoistre la fausseté vous n'auez qu'à examiner les particularitez de la narration qu'en fait Philostrate. Secondement vous verrez qu'il fait dire à Appollonius que ce Moineau ne raisonnoit point ; & en plusieurs autres endroits il luy fait exagerer que les Bestes ne sont pas raisonnables : Il ne pouuoit donc pas entendre leur langage ; ny croire qu'elles sçeussent parler. Pour le troisiéme il est clair par son Histoire, que l'intelligence de la parole des Animaux ne s'acqueroit qu'en mangeant le Cœur & le Foye des Dragons, & que n'ayant iamais mangé de chair, il n'auoit point acquis cette science. En quatriesme lieu il ne pouuoit auoir acquis cette connoissance par l'estude de la Physique, & des secrets de la Nature : Car ie prens à tesmoins tous ceux qui y ont estudié, s'il est possible d'y estre plus ignorant qu'Appollonius, & d'en parler plus mal, & plus pitoyablement que luy. Pour la fin cette Histoire n'est authorisée que de Philostrate, qui hors quelques preceptes de Morale, n'a remply son liure que de contradictions & de Fables, & n'a iamais eu autre intentió que d'escrire vn Roman. Eusebe, & Picus ont fait de gros recueils de ses impertinences. Ils y en ont neantmoins plus laissé qu'ils n'en ont recueilly ; comme ie feray voir à tous ceux qui en auront la curiosité.

Quel a esté le sentiment des Anciens touchant la Raison des Bestes.

CHAPITRE XIX.

CE que Monsieur de la Chambre a escrit des Philosophes en la page 78 de son Traitté ; m'a obligé d'examiner icy quel a esté leur sentiment sur cette matiere. Nous le deuons apprendre de Plutarque qui quelque effort qu'il fasse de trouuer de l'appuy en l'Antiquité, ne nous cite qu'Anaxagoras & vn certain Straton que nous ne cognoistrions presque pas sans luy, & qui estoit assez ignorant pour confondre tout sentiment auec la Raison. Ailleurs lors qu'il veut prouuer que les Bestes raisonnent ; il introduit vn pourceau à qui il fait deffendre cette opinion, & luy fait dire qu'il s'estonne des Sophistes ; c'est à dire de Sages de ce temps la, qui ne le vouloient pas croire. Il auouë en vn autre endroit que Pytagoras, Platon, les Stoiciens & Peripaticiens combattoient cette pretenduë Raison, encore dit il que les deux premiers creussent que les Bestes auoient des Ames raisonnables sans raisonner, à cause de l'indisposition des Organes. C'est tout ce qu'il

deuoit alleguer en faueur des Bestes : Car ce qu'il
dit d'Anaxagoras n'est du tout point à propos;
Aristote luy rend ce tesmoignage qu'il ne s'est
iamais bien expliqué, sur ce qui est de l'Ame &
de la connoissance. Il adiouste qu'il croyoit
qu'vn certain Entendement, auoit donné le branle & le mouuement à toutes les choses du monde : Nous le croyons aussi bien que luy, &
neantmoins ne tenons pas que les Bestes raisonnent, parce qu'il n'y a point de consequence de
l'vn à l'autre. Quelques autres ont aussi grand
tort de nous obiecter l'authorité de Democrite,
& de ne sçauoir pas, qu'il contrarioit Anaxa-
gore en tout ce qu'il pouuoit, particulierement
en ce qui concerne la Raison vniuerselle. D'ailleurs puis que nous sçauons, que les Epicuriens
n'auoyent point d'autre Physique que celle de
Democrite, & qu'ils ont enseigné que les Bestes
n'ont point de Raison; nous ne pouuons pas douter du sentiment de ce Philosophe. Il nous l'a
luy mesme declaré, dans ce beau discours qu'il
fit à Hippocrate, ou il dit en termes expres que
les Taureaux, les Lions &c. n'ont point de Raison. Sans doute que si quelque Ancien Philo-
phe eust tenu que les Bestes raisonnoiët, Aristote
ne se fust pas oublié de le rapporter, & n'eust pas
perdu vne si belle occasion de s'en prendre à luy:
Car il enseignoit constamment que les Bestes ne
raisonnent point. Ce n'est pas qu'il n'en eust
bien estudié les actions tesmoin les Liures qu'il
nous en a laissé. Mais c'est que sçachant parfaitement distinguer entre le Raisonnement & les
autres operations de l'Ame; Il ne se laissoit pas

surprendre

surprendre à quelques apparences, comme quelques vns ont fait depuis ce temps là. Platon & ses disciples n'eussent pas manqué d'accorder la Raison aux Bestes, & d'appuier par la leur Metempsychose ; n'estoit qu'ils iugerent que cette opinion ne s'accordoit pas auec la grande connoissance qu'ils auoyent de la Physique, & quelle ne se pouuoit pas soustenir.

Il faut, que ceux qui nous obiectent les Stoiciens, soyent bien hardis. Ne sçauent-ils pas que leur doctrine estoit au fonds, la mesme que celle d'Aristote, & que Carneades n'y peut iamais trouuer autre difference que celles des termes ? Ne sçauent-ils pas que Zenon definissoit & distinguoit l'Homme par la Raison ; que Cleanthes, Chrysippe, Possinodius, & generalement tous les Stoiciens rabaissoyent si fort les Bestes qu'ils n'estimoient pas qu'on leur deust aucune iustice, ny qu'il peust y auoir de cruauté a respandre par plaisir, le sang des plus innocentes ? Les Anciens Epicuriens contrarioyent les Stoiques en tout ce qu'ils pouuoient. Si est-ce qu'ils reconnurent qu'il ny auoit pas lieu de les contredire en cecy, & qu'ils enseignerent que la Raison ne se pouuoit trouuer que dans des corps d'Hommes ; par ou ils prouuoyent que leurs diuinitez bien heureuses estoient de figure d'Homme dans le Ciel. La nouuelle Academie ne sçauoit sur tout autre matiere à quoy s'en tenir. Mais en celle-cy elle aüoua ce que demandoyent les Stoiciens, & vit bien qu'il n'estoit pas aisé de les contrarier. Seulement elle nia que ce fust vn auantage à l'Homme & con-

M

resta qu'il euft efté plus auantageux de refembler aux Beftes, & n'eftre pas raifonnable. Vous n'a-uez qu'a confulter Ciceron la deffus , & vous verrez que noftre opinion paffoit de fon temps pour vne vérité indubitable. Il eft pourtant vray, que le peuple de Rome, ayant veu faire a quelques Elephants , des poftures qui refem-bloyent, a celles que faifoyent les Gladiateurs lors qu'ils luy demandoient grace ; s'alla def-lors imaginer que ces Animaux raifonnoyent. Neantmoins il ne me fouuient pas d'auoir leu dans Pline, dans Diogene, ny ailleurs qu'aucun Philofophe fe fuft engagé en ce fentiment. D'ou vient qu'encore que dans les queftions de fait il foit fort facile de fe mefprendre : Ie ne laiffe pas de croire que Plutarque a le premier efcrit en faueur de cette opinion.

Il luy donna tant de credit qu'en l'efpace de deux cent ans elle fut la plus commune ; Et ie n'ay point feu qu'en tout ce temps là, elle ait efté formellement contredite que par Origene & par les Stoiques. Ælian qui efcriuoit fous l'Empire d'Adrian la fit beaucoup valoir. Galien qui vi-voit fous les Antonins n'en femble pas fort efloi-gné. Oppian qui eftoit du temps de Caracalla la tenoit manifeftement. Les Epicuriens & les Pytagoriciens l'embrafsérent eftroitement, com-me nous voyons dans Porphyre, & dans ce qui nous refte de Celfus, parce quelle fourniffoit des armes pour deffendre l'abftinence Pytagorique & pour combattre d'ailleurs les plus grands en-nemis qu'euft la fecte d'Epicure. De tous les An-ciens Chreftiens , Lactance a peut eftre efté le

ſeul qui l'ait fauoriſée ; encore ne fut-ce que par
intereſt, & parce qu'elle ſeruoit à ſon deſſein,
comme ſçauent bien ceux qui l'ont leu : Et Cam-
panelle n'eſt pas excuſable d'auoir attribué ce
ſentiment à S. Baſile & a S. Ambroiſe. Il eſt
bien vray que dans les ouurages qu'ils ont fait
l'vn & l'autre ſur la creation, ils racontent des
choſes merueilleuſes touchant l'Inſtinct de certains Animaux : Mais ils n'ont pas creu qu'ils
fuſſent pour cela raiſonnables. Sainct Baſile preuient d'abord cette conſequence & declare que
les Beſtes n'agiſſent point par Raiſon. Il ne dit
rien aïlleurs ſurquoy on puiſſe excuſer Campa-
nelle; qui fait auſſi dire mal a propos à S. Ambroiſe que les Beſtes font mieux des Syllogiſmes que beaucoup d'Hommes. Il eſt vray qu'il
dit quelque choſe des arguments des Chancres
& de la prudence des Hirondelles. Mais il s'explique lors qu'il parle de la preſcience de l'He-
riſſon, & dit quelle eſt de Dieu qui a remply les
choſes inſenſibles & les Animaux irraiſonnables
de ſa ſageſſe. Au Chapitre ſuiuant il dit que
les Poiſſons agiſſent par Inſtinct & non pas par
Eſtimation de Raiſon, ou par argument de diſpute : D'ou on voit que lors qu'il a parlé des
arguments des Changres, il entendoit quelque autre choſe, que des Syllogiſmes & des raiſonnements. Il aſſure ailleurs que les Animaux ne ſçauent point comment ils deffendent leur vie ; ny
ſi c'eſt par force, par viteſſe, ou par fineſſe qu'ils
eſchappent.

Depuis ce temps la, noſtre opinion a eſté la
plus commune, & auroit eſté fort peu contrariée

si feu Monsieur de Montaigne n'eust point esté
ramasser, ce que Plutarque & Porphyre auoyent
escrit à l'encontre. Il mesla tout cela confusé-
ment & sans choix, dans ce qu'il appelle l'A-
pologie de Raymon Sebon, à laquelle ie m'atta-
chay exactement en mes Considerations sur
Charron, examinant tout ce que ie creux qui
le meritoit.

Addition au Chapitre 16.

La premiere Raison qu'aporte Monsieur de
la Chambre, pour monstrer que l'Imagination
forme des images differentes de celles des sens,
n'est fondée que sur ce que i'ay refuté au Chapitre 6 & 16, ou i'ay prouué que les operations
des Facultez superieures ne sont point esbauchées dans les Facultez inferieures, & que l'ordre
de la Nature est contraire à cette doctrine.

3   En suitte il veut *que la connoissance soit la seule
fonction de l'ame sensitiue* ; comme si la memoire,
l'Appetit, & la vertu motiue, n'estoyent pas du
nombre de ses Facultez ; & qu'elles n'eussent pas
des operations differentes de la connoissance.
L'Ame sensitiue ne sera donc pas sans action
quand mesme *la sensation seroit vne pure passion* ;
ainsi que l'enseignent quelques vns, qui ne *mettent
pas toussiours la connoissance au rang des actions vi-
tales.* Ie croy neantmoins qu'elle en est vne, &
que pour connoistre il ne suffit pas de la reception des images, & qu'il faut y ioindre vne action.
mais ie ne croy pas ce qu'il adiouste ; & ne voy pas
qu'il puisse prouuer *qu'il n'y a point d'autre moyen*
4   *de connoistre que de former des images ; & que l'ima-*

gination ne peut auoir d'autre action. Ie luy ferois
voir le contraire, n'estoit que cela a desia fait par
Fracastor, qui a mieux traitté de la connoissance, que personne qui en ait iamais escrit.

Il est d'ailleurs éuident que les sens externes ont
vne connoissance, encore qu'ils ne forment point
d'Especes, & qu'il n'en ayent point d'autres que
celles qu'ils reçoiuent des obiets. Mais dit Monsieur de la Chambre, *les images ne peuuent subsister*   5
qu'en la presence des obiets : D'ou il infere *que la*
connoissance se perdroit auec elles, & que l'Ame ne
pourroit connoistre vn obiet absent, si elle ne formoit
d'autres images. Ie respons que les Especes se
perdent bien en l'Air des que les obiets disparois-
sent; mais il ne s'ensuit pas, que la mesme chose se
fasse en la memoire, puis que c'est vne Faculté qui
n'est donnée aux Animaux que pour conseruer, ce
qui se perd par tout ailleurs : Et il ne prouuera
iamais que les images qui viennent de dehors *ne*
sont pas proportionnées à la nature de l'Imagination
& ne se peuuent conseruer en la memoire.

Il dit que *si l'Entendement forme des idées, qui sont*   6
d'autre genre que celles qui luy sont presentees, l'I-
magination le doit faire aussi. Mais il ne prouue
pas cette consequence, & ne dit rien, & ne sçauroit rien dire, qui nous empesche de la nier : Si elle estoit bonne, il faudroit aussi que l'Imagination
formast des conceptions vniuerselles & spirituel-
les, parce que l'Entendement le fait.

Il veut que *l'Imagination connoisse non seulement*   7
les accidents; mais aussi la matiere & les corps qui les
soustiennent. Il le prouue d'vne estrange sorte & dit
que c'est vne puissance enseuelie en la matiere, qui doit

auoir vn obiet de mesme genre, & vne action qui se termine à quelque chose qui soit en quelque façon composée comme elle. Ie respons que l'Imagination n'est pas plus enseuelie en la matiere que les accidents que nous luy donnons pour obiet, & qu'ils sont aussi composés comme elle. Ils sont aussi, bien plus enseuelis en la matiere que les corps, desquels on dit bien qu'ils sont composez de matiere; mais non pas qu'ils sont enseuelis en la matiere. D'ailleurs puis que l'Imagination est vne Faculté, & que toute Faculté est comme il dit en la page 79 vn pur accident; il est clair qu'on ne luy sçauroit trouuer vn obiet de mesme genre, ny qui soit composé comme elle, si ce n'est vn pur accident. Apres tout l'Imagination n'est pas plus materielle que les sens externes, qui ne connoissent pourtant que les seuls accidents.

7   Il adiouste *que toute la nature de l'Imagination estant representatiue; & que n'ayant point d'autre vertu que de faire des portraits des choses; il faut quelle les represente toutes entieres & telles qu'elles sont.* Ie trouue qu'il impose icy, vne tres dure loy à la Peinture, qui sera obligée cy apres, de representer l'Homme tout entier; c'est à dire son Ame & ses Facultez les plus cachées. Secondement tout la nature de l'Imagination n'est pas representatiue, elle meut l'Appetit & a beaucoup d'autres vertus. La nature des sens externes est autant ou plus representatiue que celle de l'Imagination : Celle des Especes visibles, l'est encore d'auantage & represente plus parfaitement vn obiet, que ne fait le phantosme qui est dans la memoire. Cependant elle ne le represente pas tout entier, &

ne fait voir que ſes accidents.

Il ſouſtient *que ſi le Phantoſme ne repreſentoit la* ſ *ſubſtance de l'obiet; l'Entendemēt n'y trouueroit pas le fondement de ſes connoiſſances, & qu'apres en auoir ſeparé tous les accidents, il ne luy reſteroit rien qui fiſt cognoiſtre la ſubſtance.* Il deuoit adiouſter que l'Entēdement ne cognoiſtroit pas les choſes vniuerſelles, ſi le Phantoſme ne luy repreſentoit l'vniuerſalité ; & qu'il ne cognoiſtroit point l'Hōme, ſi l'imagination ne le repreſentoit tout entier, & ne formoit vne image ſpirituelle de ſon Ame ; parce qu'apres en auoir ſeparé toutes les ſingularitez & les autres conditions de la matiere, il ne luy reſteroit plus rien, ſurquoy il puiſſe former l'Idée d'vne ſubſtance ſpirituelle & vniuerſelle. Mais puis qu'en tout cela il n'y a ſelon luy meſme aucune conſequence; il ne s'enſuit pas que l'Entendement ne puiſſe cognoiſtre vn corps, encore que le Phantoſme ne luy repreſente pas. Et puis qu'il veut que l'imagination cognoiſſe bien la ſubſtance, ſans l'aide des ſens externes & des Eſpeces ſenſibles, pourquoy ne veut il pas auſſi, que l'Entendement connoiſſe des choſes qui ne ſont pas repreſentées par les Phantoſmes? Il eſt vray que l'Entendement n'y trouue que des accidents, d'ou il infere qu'il faut qu'ils ſoient ſouſtenus par quelque autre choſe, qu'il appelle vne ſubſtance, & dont il forme l'idée, de la meſme façon qu'il forme les idées des choſes vniuerſelles & ſpirituelles.

Il nous obiecte pour la fin *que des accidents que* ſ *l'Imagination reçoit elle en infere d'autres choſes qu'elle craint & qu'elle deſire,* I'ay refuté cela au

Chapitre 16 & 17: Et il n'est point vray qu'elle confonde les accidents auec le suiet, parce qu'elle ne les cognoist point du tout, & que les qualitez ne luy seruent point de marques pour le cognoistre. Cela est propre & reserué à l'Entendement : Nous n'experimentons point aussi *qu'à la premiere veuë que nous auons des accidents, nous croyons voir le subiet où ils sont ;* Car les premieres veuës, ou simples conceptions precedét tousiours les affirmations, & les raisonnements, sans lesquels on ne peut point conclure , ny connoistre vne substance par l'entremise d'vn accident.

Ie ne comprends pas ce qu'il dit *que la Raison separe ce que l'Imagination auoit confondu ;* car si l'Imagination forme vne idée de substance differente de celle de l'accident ; il faut qu'elle les distingue; Secondement, comment est-ce que selon vos principes, l'Entendement peut faire cette distinction, puis que le Phantosme ne luy en represente pas le fondement, & qu'apres en auoir separé ce qui est confus, il ne luy reste plus rien qui luy en fasse cognoistre la distinction. Ie ne m'estendray pas d'auantage sur cette matiere, que ie n'eusse pas entrepris, si ce n'eust esté pour pouuoir dire à la fin de cet ouurage, que i'ay examiné tous les raisonnements de celuy de Monsieur de la Chambre , encore que lors que le Chapitre seiziesme fut imprimé, ie n'eusse pas creu me deuoir arrester à ceux-cy , comme vous aurez peu remarquer en le lisant.

F I N.

www.ingramcontent.com/pod-product-compliance
Ingram Content Group UK Ltd.
Pitfield, Milton Keynes, MK11 3LW, UK
UKHW021213140726
13695UKWH00002B/524